［マンガ］統計学が最強の学問である

原作・解説＝西内啓
マンガ＝うめ 小沢高広 妹尾朝子

ダイヤモンド社

はじめに――ＡＩの時代に、なぜ統計学の知識が必要なのか？

私は現代において、全ての大人が統計学を学ぶべき理由は２つあると思っています。１つは**ＡＩ技術の背後にある統計的機械学習という仕組みの理解に繋がるから**で、もう１つは**データをもとに意思決定をできる人になるため**です。

それまでにも画像の識別や自動翻訳といったいくつかのタスクでＡＩ技術は注目されていましたが、２０２２年11月に公開されたＣｈａｔＧＰＴはその使いやすいユーザーインターフェースと、話題を問わずまるで人間のようにしか見えないほど自然に受け答えをすることから世界中の注目を集めました。ＣｈａｔＧＰＴに含まれるＧＰＴは大規模言語モデル（ＬＬＭ：Large Language Models）と呼ばれるもので、大量の計算リソースを費やし、大量のテキストデータを処理して作られた、大量の変数を含む複雑な計算式でできています。

その後の２０２３年３月に、さらに大量のリソースで大量のデータを処理し、大量の変数を含む複雑な計算過程へバージョンアップされたＧＰＴ－４はアメリカの司法試験にも合格したと報告され、いよいよ「ＡＩに人間の仕事が奪われる時代」が訪れるのではないかと世界中が震撼しました。ただ、理解しておきたいのは、**ＡＩに使われている技術の大本には、統計的機械学習と呼ばれる、「データから最も当てはまりのよい計算式を作り出す」という統計学とまったく同じ考え方があるということ**です。

私自身、2010年頃に一度大学教員を辞めて以降、「ITの得意な統計家」として、その時々でデータベース技術やAI技術の進歩をキャッチアップしながらさまざまな企業のデータ関係のプロジェクトをサポートしてきました。そして、ChatGPTなどの大規模言語モデルや生成AIといった技術が注目されるようになってからは、会う方々からよく次のような質問をされるようになりました。

「これだけAIが進歩する時代に人間に残される仕事とは何か?」
「これからどのようなスキルを磨けばよいのか?」

いわゆるホワイトカラーと呼ばれる仕事の多くは、思った以上に早くなくなってしまうことは確かでしょう。日本では「文系の仕事」と呼ばれたりしますが、その名の通り大量の文章を読み込み、あるいはたくさんの人の話を聞いて、しかるべき文書（書類）にアウトプットする、といった仕事は大規模言語モデルの得意とするところです。今はまだ「ちょくちょく間違いがあって専門家からつっこまれる」といったこともありますが、このあたりはもはや時間の問題と考えてよいでしょう。今もこの領域においては、多くの企業が従来の人間の仕事を代替するようなサービスを開発しています。

一方で、自分がAI関係のサービス開発に携わりながら、意外と難しいと感じる仕事が4つあります。それは「物理的に何かを動かす仕事」「人の感情や信頼に関わる仕事」「まだ誰も言語化できていないことを言語化する仕事」「責任を取る仕事」です。
たとえば**「物理的に何かを動かす仕事」**の例として、「散らかった自宅やオフィスの掃除をする仕事」をＡＩとやってみてください。おそらくＡＩは掃除のコツや作業プロセスを教えてくれるでしょう。画像認識の機能も組み合わせてゴミの分別も正確に当てられるかもしれません。しかし、結局のところこうした物理的な仕事に必要なのはＡＩではなくロボットで、ＡＩに指示された人間が手を動かさないといけないのでは、最初から人間がやっても変わりはありません。
あるいは**「人の感情や信頼に関わる仕事」**として、新しいビジネス用ソフトウェアの営業という仕事を考えてみましょう。すでにＡＩを使えば、着々と営業資料を作るだとか、営業用のトークスクリプトを作るだとか、ともすればそれを流暢に読み上げた音声を作りだしたり、ディープフェイク的に誰かがそれをプレゼンテーションしているような動画だって、かける手間次第では作ることができます。
個人的にちょっとした雑貨を買うような判断であれば、そうした文章や音声、動画から購買を決めてもいいかもしれません。しかし、業務上の大きな投資判断をＡＩのプレゼンテーションだけで決めたり、自分の責任で組織に上申したりするという人はそう多くはいないはずです。また、その導入にあたっての不安を受け止めたり、仮に導入して失敗したときの怒りに対し謝罪したり、という仕事も（文章ではすでに、またいずれは音声や動画などのうえでも可能になるかもしれませんが）、それをＡＩがやっているということが明らかなのであればわざわざ不安を共有したり、怒りをぶつけるような人もいません。

これら2つが人類の仕事として残るというだけであれば、ホワイトカラーの仕事はAIに奪われることになりますが、知的労働のうち**「まだ誰も言語化できていないことを言語化する仕事」**と**「責任を取る仕事」**だけは残るのではないかというのが私の考えです。なぜなら大規模言語モデルは前述のように、この世にある大量の文章を学習して作られました。あるいは画像や音楽などの生成AIも、大量の言語的な情報が付与された画像や音楽を学習して作られました。つまり、誰も言語化できなかったことや、誰もやっていなかったことについては学習データの中に含まれないわけです。

では誰も言語化できなかったことを言語化するためには何をすればいいのでしょうか？　従来の人類はその源泉を「経験と勘」と呼んでいました。自分の体を動かし、いろいろな人と感情的に交流する中で、暗黙知を言語化していくわけです。しかし、それ以外にもおすすめなのが統計学を駆使してデータ分析をおこなうことです。1万回営業訪問することは難しいかもしれませんが、1万回分の営業活動データを分析して隠れた成功要因を見つけることは簡単にできます。あるいは100万人の顧客全員と対話することは難しいかもしれませんが、適切な調査と分析を通して100万人全体でどのような意識が自社製品の購買と関係しているかを判断することもできます。

自分たちの活動や顧客のことをまだ分析したことがないのであれば、当然その分析結果はAIの学習データには含まれていませんし、まだ同様のデータによる同様の分析がなされていないのであれば、そこには**「誰も言語化できていなかった新しい情報」**が含まれている可能性があります。

こうした統計学の重要性は「責任を取る仕事」においても同様です。従来我々は責任を持つべきさまざまな意思決定を、自分の知識と論理的思考能力に基づきおこなってきました。しかしすでにＡＩは知識を豊富に持っていて、論理的にもそれらしい文章が生成されます。この文章を執筆している２０２５年現在では、まだ専門家から見ると最新版のＣｈａｔＧＰＴもちょくちょく間違えた回答をすることがありますが、「ＣｈａｔＧＰＴの間違いに気づけるレベルの専門知識を持った人」の人数も今後時間の問題で少しずつ減っていくことでしょう。しかし、説明責任を問われた際に**「ＡＩがこういっているのでそうしました」というしかない人に責任ある立場を任せることはできません。**

さらに、ＡＩの知識はＡＩの知識で、学習した文章が全て正しいとも限りません。たとえば「一時期頻繁に言及されていた俗説」といったものが学習データに大量に含まれているのであれば、当然ＡＩはその俗説をそれらしく主張することになるでしょう。ここで役に立つのが統計学に基づいてデータからその真偽を検証しようという考え方です。ＡＩの主張は本当に自社内や自社の顧客に対しても当てはまるのか、今までやったことがないのであればその検証結果はやはりＡＩの学習データに含まれていません。自らの責任で検証方法を定め、分析結果を読み取り、社内外の文脈も加味して意思決定をおこなう、というのは今後のＡＩ時代にさまざまな組織の責任者として重要な役割となってくるはずです。

こうした仕事をひっくるめて、**「新たに何をするか考えて決める仕事」**と呼んでもよいかもしれません。従来の大人は「人にいわれて何ができるか」という手段の部分だけでも仕事になっていましたが、前述のようにその領域はどんどん狭まってくるでしょう。我々の社会は、いろいろなことができるＡＩという有能なアシスタントを、安価かつ大量に雇えるように変化しているわけなので、「何ができる」というだけではその立場は奪われてしまいます。

しかしながらその一方で、「何をしたいか、あるいは何をすべきか決められる人」にとっては大きなチャンスが訪れているともいうことができます。従来なら知識や人手が足りなくて実現しにくかったことも、望めばやってくれるＡＩがそこら中にいるわけです。今後社会のどちら側に立てるかで、全ての人のキャリアは大きく変わってくることでしょう。

ちなみにここまでの話を読んだ皆さんはこんな疑問を持つかもしれません。「統計学の知識やデータ分析のスキルを覚えてもＡＩに代替されないのか？」と。

これについてはＹｅｓの部分とＮｏの部分の両方があります。統計学の手法がどういうものかを調べるとか、分析するためのプログラムをどう書くか、ということについては、すでにＣｈａｔＧＰＴは「ちょっとかじった人」などよりよほど詳しくなっています。専門家から見ればちょこちょこ「よくある間違った説明」「他の何かと混同した説明」をしている場合もありますが、これも時間の問題で解消されていくかもしれません。

統計手法に関する解説も、統計学に関するプログラミング「言語」のコーディングも、大規模言語モデルと相性がいいタスクだといえるでしょう。大規模言語モデルの数式の処理能力も最近ではずいぶん向上しましたので、初学者向けの分析手法に関する数式的な説明などもかなり丁寧に教えてくれるようになりました。このように統計学に関しても、「人にいわれ

てできる」という側面はＡＩが日々進化しているところです
一方で、そもそもどのような領域で、どのようなデータをどう使って分析すべきか考えることに関して、ＡＩはまだそれほど大きな価値を発揮しません。書籍やインターネットの記事でよく見かけるような事例を整理してくれたりはしますが、逆にいうとそうした「よく見かける」分析による知見は何の競争力にも繋がらず、今からわざわざ分析する必要もないかもしれません。自分たちの置かれている状況のボトルネックを解消したり、事業にイノベーションを起こしたりするためにはどのような分析をすべきかを考えられなければ、いくら「人にいわれてできる」技術があっても大きな価値は生まれません。つまり、「何をするか考えて決める」という部分についてはやはりまだまだ人間の仕事のようです。

本書『マンガ 統計学が最強の学問である』は、そうした「新たに何をするか考えて決める」スキルを日本に最大限広げるために制作されました。

実は初代『統計学が最強の学問である』はほとんど数式を使わず、統計学がどう生まれてどう役に立てられるのかにフォーカスした、統計学の本としては少し変わった本でした。しかし、40万部以上売れただけあって、あの本を読んで統計学を面白いと感じ、本格的に勉強しようとしたり、実務に活かすようになった、という方と私は日々の仕事の場で頻繁にお会いします。統計手法の数理面を細かく説明したり、統計解析をおこなうためのプログラミングに関する本は多数ありますが、それはちょうどＡＩのサポートが手厚くなっている部分です。今の時代はそれよりも、**「統計学を活用したい」というモチベーション、「どのような課**

題に対して統計学を活用するか」という課題設定のコツ、そして分析結果の読み解き方と、結果を踏まえて何をやるべきかを考える枠組みといったスキルのほうが相対的に重要になってきているのではないでしょうか。

本書が目指すのは、まさにそうした今こそ必要な「統計学の活かし方」を、物語を通して皆さんにお伝えすることです。たとえば『SLAM DUNK』というマンガを読むことでバスケットボールをプレイするモチベーションが喚起されたり、バスケットボールの観方がわかるようになったりといった方がたくさんいるように、すばらしいマンガは多くの人の人生を変える力を持っています。ありがたいことに私にとっても大好きな漫画家であるうめさん（小沢高広さんと妹尾朝子さん）に漫画制作を依頼できたことで、ストーリー面でも作画面でもすばらしいものになりました。私自身のデータ活用に関わる経験を凝縮した物語を、うまく追体験していただければ幸いです。

また各話の最後には、それまでに出てきた統計手法について、できる限りわかりやすく、かつ簡潔に説明した解説を加えました。ストーリー内ではあまり説明臭くならないよう、しかし気になるであろう知識面はその後の解説で補足できるよう個人的にバランスをとったつもりです。

本書をきっかけに、さらに多くの人が統計学を学び、「新たに何をするか考えて決める仕事」をする力を手にしていただければ幸いです。

統計家　西内 啓

■ 目次

本書では、『統計学が最強の学問である』のシリーズ4冊を以下のように記している。

『統計学が最強の学問である』＝『統計学が最強の学問である』

『統計学が最強の学問である［実践編］』＝『実践編』

『統計学が最強の学問である［ビジネス編］』＝『ビジネス編』

『統計学が最強の学問である［数学編］』＝『数学編』

マンガ 統計学が最強の学問である

原作
西内啓
マンガ
うめ
（小沢高広・妹尾朝子）

第1話 世の中数字じゃねぇ

俺が厨房で肉切らないと店が回らないんだよ！
君らは謝って気が済むかもしれないけどこの時間だってもったいないのわかる？

おっしゃる通りです
ニヤ

最近は求人難でアルバイト雇うのも一苦労

そこで今回はお詫びも兼ねて社長のお悩みを解決するご提案を持参したのですが
これ以上ご迷惑おかけできません
本日はお時間ありがとうございました

ちょ ちょっと待ちなさい
解決って？
はい こちらです
ギラリ
楽しさ初体験。
美味しさそのまま
電源不要
パーティアウトドア
SINCE 1896
イジンビール
ドラフト

いつもの樽生じゃないか
長年ご愛顧いただきありがとうございます
そりゃそうだろ
スタッフが注がないで誰が…
でもそれは
スタッフさんたちが注ぐための樽ですよね
！
さすが社長！話が早い
こちら5リットルと小さめで中ジョッキで約14杯分
団体様なら飲みきれるサイズとなっております
自分で注ぐ楽しさ初体験。
ドラフト5L
お客に自ら注いでもらうのか！
ご宴会の際はまずこの樽とお肉があれば乾杯がスピーディに
注ぎ方の説明つき客席用のパウチメニューあります！
冷却機能つきでずっとキンキン
中身が余っても他のお客様にお注ぎできます
おおいいね！
車の中に冷やしたのが何本かございますが
さっそくお持ちしますか？

ゴオオオ
すみません先輩…
また僕のミスのカバーを…

気にすんなって
社長も喜んでたろ

昨日の大型発注カウントしても？
あれは先輩の手柄じゃないですか

でも今期の数字も未達だし…
足ばっかり引っ張って

もともとお前の担当地区だろ
胸張って報告しとけよ
そんな…
それじゃ勇司先輩の数字が
次はー品川ー品川ー

ガッ
バーカ
会社の偉い人はどう考えてるか知らねーけどな

世の中
数字じゃねぇ

ライジンビールビルディング
聞いた？
営業一課の
樹下勇司さん
今期の
営業成績も
記録更新中らしいよ
営業成績
抜群だし
頼りに
なるし
年齢的にも
そろそろ
課長じゃない？
そろそろ
辞令出る頃
だもんね！
失礼
します！

ああ
樹下くんね
来期の
ポジション
今と同じ
だから
へ？
一昨年の買収で
アナハイム
グループの一員
になったろ？
まあだから
僕みたいな
マネジメントの
プロが
引き抜かれて
くるわけだけど
はあ…
カチン
グローバルに
戦える組織を
目指すためには
成績抜群とはいえ
ただの営業マンに
マネジメントを
任せるわけには……
という判断だ
君は
出身大学も
二流だし
何より
数字に弱い

予算の使い方も雑だし 会議のときも何のデータも持ってこない
いや それは…
もちろん僕はぜひ君を課長にと推したんだよ？
僕もマーケティングの仕事に集中したいからね
幸い派遣の女の子を雇うぐらいの予算はある
・・・・・数字に強いアシスタントでも
探したらどうかね？
ワー
タン
何が数字に弱いだ！

数字でビールは売れねえってのグッ

来た！来た！
今日は中盤みんな超キレキレ！

あら〜
じゃあ出世祝いは延期ね〜まあ飲みましょ

めっちゃボール狩れてんじゃーん！
ミドルサードでボールゲインするごとに0・037点でしょー！

最初の30分でもう6本でしょー！
ヤバい！
カタ
カタ
カタ
これ超いいペースじゃーん！

すいません他のお客様もいらっしゃいますので…
あ ビールおかわりとフィッシュアンドチップスください！
通じてねえ…
あのさ
もう少し静かにしてくれる？
え？
そんなー
こんなとんでもない数字が飛びだす
最高の試合なのに？
数字？
そう
もーうとんでもない
すうじ
カチーン

いいか
おねえ
ちゃん
この試合を
生み出してるのは
さいたまローズの
血と汗であって
数字
じゃねえ

数字が
見たい
なら
家で試合結果
だけチェック
してろ
でもウチ
サブスク
入ってないし
試合結果って
得失点とか
支配率とか
だけだし
はあ？
ご
ごめんな
さいね
勇司
ちゃんも
色々あって
あ　じゃあ
勇司ちゃん・・・
さいたまローズが
どこから点を
入れるか
勝負しません？
…ちゃん…？
勝負…
だと？

直前にボールを触っていた選手が
最後どのエリアにいたか当てるの

要はラストパス？
ですです

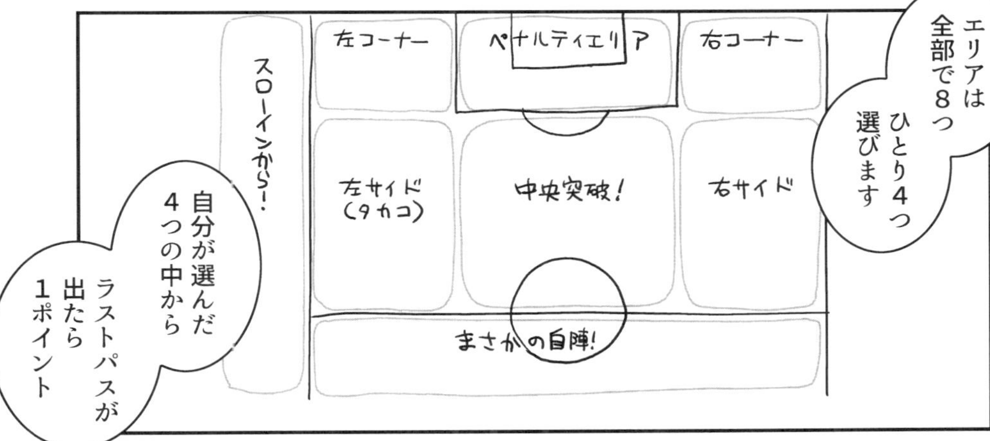
エリアは全部で8つ
ひとり4つ選びます
左コーナー
ペナルティエリア
右コーナー
スローインから!
左サイド(タカコ)
中央突破!
右サイド
まさかの自陣!
自分が選んだ4つの中からラストパスが出たら1ポイント

トータルで当てた回数が多かった方が勝ち
負けた方は何でもひとつ言うことを聞く
ってどうです？

…なんでも…？

はい

「静かにしろ」でも
それ以外でも
ゴクッ

ただし

やるからには
タカコ・・・・・・何言われても
絶対約束守るんで
勇司ちゃんも・・
必ず約束守って下さいね

も……もちろんだ
じゃあ先にどうぞ！

思い出せ――
イメージしろ――

そうだ
去年もギャングス相手にビッグゴールを決めたじゃないか
あれは――

右コーナーだ
こっからクロスがあがる

じゃあタカコは中央突破を取ります！
じゃあ次は…

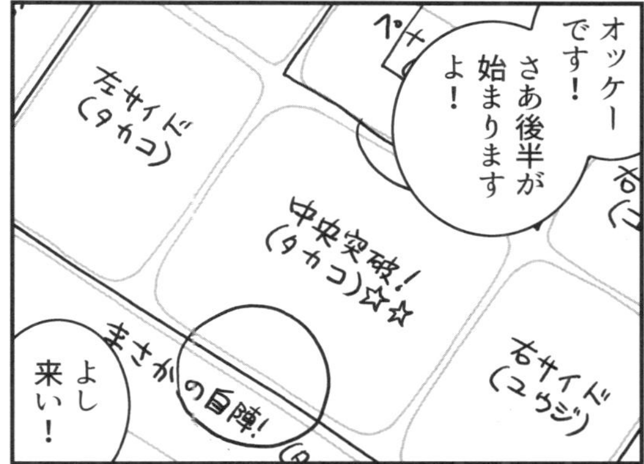
オッケーです！さあ後半が始まりますよ！
左サイド（タカコ）
中央突破！（タカコ）☆☆
右サイド（ユウジ）
まさかの自陣！
よし来い！

2-0
ワー
ワー
ズーン

いやー！
今日は
ツイてた
データ以上に
当たっちゃい
ました！

データ
以上？
あたし去年
大学辞めて
暇すぎて
さいたまローズが
どこから点
取ってるか
調べてたんです

はあ？
大学
辞めた？
それによると
こんな感じ
ですねー

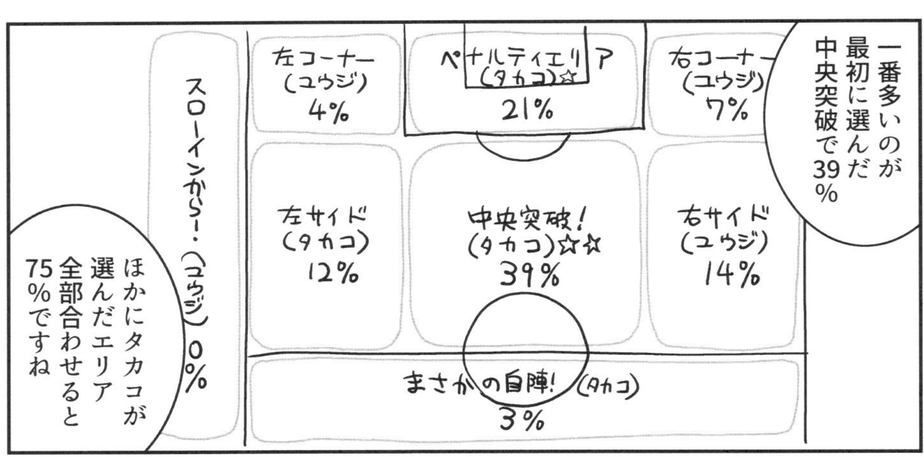

一番多いのが
最初に選んだ
中央突破で
39％
左コーナー
(ユウジ)
4%
ペナルティエリア
(タカコ)☆
21%
右コーナー
(ユウジ)
7%
スローインから！(ユウジ)
0%
左サイド
(タカコ)
12%
中央突破！
(タカコ)☆☆
39%
右サイド
(ユウジ)
14%
まさかの自陣！(タカコ)
3%
ほかにタカコが
選んだエリア
全部合わせると
75％ですね

中央突破…？
75
％…？

そうなん
ですよー
ローズのゴールって
YouTubeで
50万再生した
右クロスの印象が
強いですが
勇司ちゃんの
選んだエリアは
全部で25％ですね

25%…!!?
計算上はもっと確率高かったんですよ

計算？

ローズは去年から脅威的に点取ってまして
後半だけで平均1.8点
それにギャングスとの相性もいい

仮に2点取るとして私が負けるパターンは勇司ちゃんの二連勝だけ
その確率は？
えーと25%＋25%で……
ぶーー！
たし算じゃなくてかけ算です！25%×25%でまさかの6・25%！
統計学マジ最強
じゃないですか？

……
統計学？
つーか
6・25%の確率で負けるのにあんな約束したのか？
あれ？心配してくれてるんですか？
さすがに営業先のお得意さんの前で
エッチなお願いとかできないと思って
なんなんだこいつ…？
それであのー
お願いのことなんですけどー
…お
おお

ライジンビール
ライジンビール
ライジンビール
はじめまして
大山貴子と申します！
データ周りのお手伝いをする新しいスタッフとして派遣されました
みなさんよろしくお願いします！

大山くん
だったね
僕と同じ
・・・
帝都大学の
・・・・・
経済学部出と
聞いている
ゼミでも
専門的に
統計学を
勉強して
いたとか

よろしく
頼むよ
はい！

では
これより
定例会議を
始めます

今後とも
よろしく
お願いします
勇司先輩
・・
……ハメ
られた

01

貴子の計算の裏側

統計学の専門家は確率計算が得意というわけではないけれど

「データを取って確率を計算する」というのは統計学のベースになった偉大な知恵です。第1話では、貴子が「大学辞めて暇すぎたために取ったデータ」と基本的な確率計算の考え方を利用して勝負を有利に運びましたが、これはどのような計算に基づいていたのでしょうか？

高校で習う確率計算の方法は、ひとつひとつの「**事象（起こること）**」が同時には起こらず、かつ独立だという仮定をおきます。今回でいえば、さいたまローズが味方のパスから点を決めた状況において、「ラストパスが右コーナーから供給される」とか「中央エリアから供給される」といったものが「事象（起こること）」にあたります。

当然ですが、ラストパスが2か所から出てくることはありません。また、独立だということは、「1点目が左コーナーから入ったから警戒されて2点目はそこからパスを出しにくくなる」とか、逆に「1点目のアシストを決めた選手が調子を上げて同じ場所からのパスの精度が上がる」といった現象はひとまず考えないことにしよう、ということです。

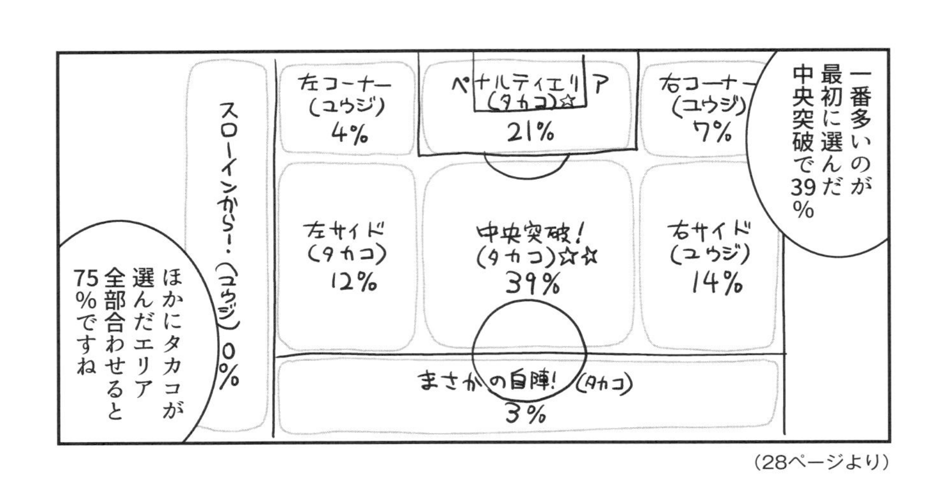

（28ページより）

もちろん実際のサッカーではこうした現象もしばしば起こり得ますが、高校で習う確率計算では「考えるとややこしいし、それほど影響が大きいわけでもないから無視していいものとする」ということで、この独立という仮定をおくのです。

このように同時に起こらない事象を**「独立である」**と仮定すると、複雑な事象についての確率を計算するときに、より単純で考えやすい事象の確率を組み合わせて、それらを「単純に計算」しただけで求めることができます。「単純な計算」とはたとえば、「または（ｏｒ）」なら足し算、「かつ（ａｎｄ）」なら掛け算、「じゃない（ｎｏｔ）」なら引き算をしようといったものが該当します。

ここまでの説明を難しく感じた人もいるかもしれませんが、貴子たちの考え方を具体的に追いかけてみれば恐れることはありません。

まず、さいたまローズが1点取った場合に、貴子が勇司との勝負に勝利する確率は何％でしょうか？

勝負のルールは「ラストパスの出た場所を当てること」でしたから、貴子が勝つとしたら、具体的には、

・ペナルティエリアからのパスで決める（21％）かまたは
・中央エリアからのパスで決める（39％）かまたは
・左サイドからのパスで決める（12％）かまたは
・自陣からのパスで決める（３％）

のいずれかが起きたということになります。これは全部「または（ｏｒ）」の足し算ですので、全部足すと貴子がいうように75％です。

では勇司が勝つ確率は何％でしょうか？　もちろん勇司が選んだ事象を「または（ｏｒ）」の足し算で考えてもよいですが、「じゃない（ｎｏｔ）」の引き算で考えたほうがシンプルです。２人がそれぞれ選んだエリアはかぶっていませんし、「どちらにも選ばれなかったエリア」も存在しません。よって、「勇司が選んだエリア」は「貴子が選んだエリアじゃないやつ」ということになりますから、「全て」を意味する１００％から75％を引いて25％と求めることができます。

これだけでも貴子がだいぶ有利になっていますが、さらにさいたまローズが２点取るとし

たらどうなるでしょうか？　この場合、「1点目でどちらが選んだエリアから点が入るか」と「2点目でどちらが選んだエリアから点が入るか」を独立だと考えれば、「かつ（ａｎｄ）」の掛け算で簡単に計算することができます。

パターンとしては「2点とも貴子が当てる」「1点ずつ両者が当てる」「2点とも勇司が当てる」の3つが考えられますが、勇司が勝利できるのはこの「2点とも勇司が当てる」の場合だけです。つまり、「1点目で勇司が当てた場合（25％）」のうちさらに25％の確率でだけ、2点目も勇司が当てることになるので、25％×25％＝6・25％ということになりますね。

なお、本編で貴子は言及していませんでしたが、「後半だけで平均1・8点」ということは当然3点取るパターンも考えられます。この場合もやはり**貴子が勝つ確率が有利である**ことを確認できるはずです。またさらにいえば、さいたまローズが1点も取らなければ必ず貴子と勇司は引き分けになるわけで、「どこから点を取っているか」に加えて「具体的に何点取る確率が何％か」ということを知っている貴子にとって、この勝負はかなり自信のあるものだったはずです。

ただし、本作ではこれ以上確率計算の考え方に深入りすることはありません。「確率統計」という言葉のアヤで、統計学の専門家はみな確率計算が得意かのように錯覚している方もいますが、実際のところそんなことはありません。仮定をお

貴子の勝つ確率が有利

3点取った場合の組合せは、

3点全てが貴子のエリアの場合：0.75×0.75×0.75＝42.2％（貴子の勝ち）

3点中1点が勇司のエリアの場合：

0.25×0.75×0.75＋0.75×0.25×0.75＋0.75×0.75×0.25＝42.2％（貴子の勝ち）

3点中1点が貴子のエリアの場合：

0.75×0.25×0.25＋0.25×0.75×0.25＋0.25×0.25×0.75＝14.1％（勇司の勝ち）

3点全てが勇司のエリアの場合：0.25×0.25×0.25＝1.6％（勇司の勝ち）

なので、この場合も84.4％の確率で貴子が勝利することになる。

いて計算する高校の確率のテストと、実際にデータを集めて「どうすることがより有利そうか」と考える現実の統計学は似て非なるものであり、私が本作を通して伝えたいのは後者の考え方であるからです。

たとえば「名門大学の運動部で活躍する２人のライバルがたまたま誕生日が同じ４月20日である」という情報があったとして、前者の考えでは単に「生まれる誕生日がいつになるかが３６５分の１ずつだと仮定するとそこそこ低い確率のことが起こっている」という解釈になります。しかし後者の考え方では、**「現実のデータを使った研究で４月生まれはスポーツや学力の面で有利な傾向が指摘**されており、４月生まれが大学進学やスポーツの面で有利なのだと考えれば２人の誕生日がかぶる確率は単純な３６５分の１という計算よりは高いものなのかもしれない。ただし、実際のデータを使わないと確率を計算できるものではない」「それより、社会的に生まれ月による有利不利に関しては何らかの対処が必要そうだし、個人的には自分の子どもは４月生まれになるよう計画したほうがよいのかもしれない」という話になります。

では、そうした現実の統計学とはどのように使いこなすものなのでしょうか？　ストーリーの続きにご期待ください。

現実のデータを使った研究で4月生まれはスポーツや学力の面で有利な傾向が指摘
たとえば著書『学力の経済学』で有名な教育経済学者である中室牧子らの研究チームは、埼玉県の公立小中学校約1000校の生徒のデータを用いて、少なくとも中学3年生時点までは生まれ月による学力格差の問題は明確に存在しており、これは世界的にも共通した傾向だと指摘している。（https://www.rieti.go.jp/jp/publications/nts/20e079.html）

マンガ 統計学が最強の学問である

原作
西内啓
マンガ
うめ
（小沢高広・妹尾朝子）

第2話 自分と100万人の最大幸福を

楽しみー！
しっ

まず昨年のビール類市場における当社のシェアだ
ご存知のとおり一昨年に我が社はアナハイムグループと資本提携をした

ビール類市場のシェア
ホウオウビール 37.3%
ライジンビール 31.1%
コトブキビール 16.6%
ダイコクビール 11.5%
スバルビール 3.5%
いくつかの海外ブランドビールも弊社製品の売上に組み入れられたものの
やはりまだホウオウビールの牙城を崩すには至らない
ほうほう
……

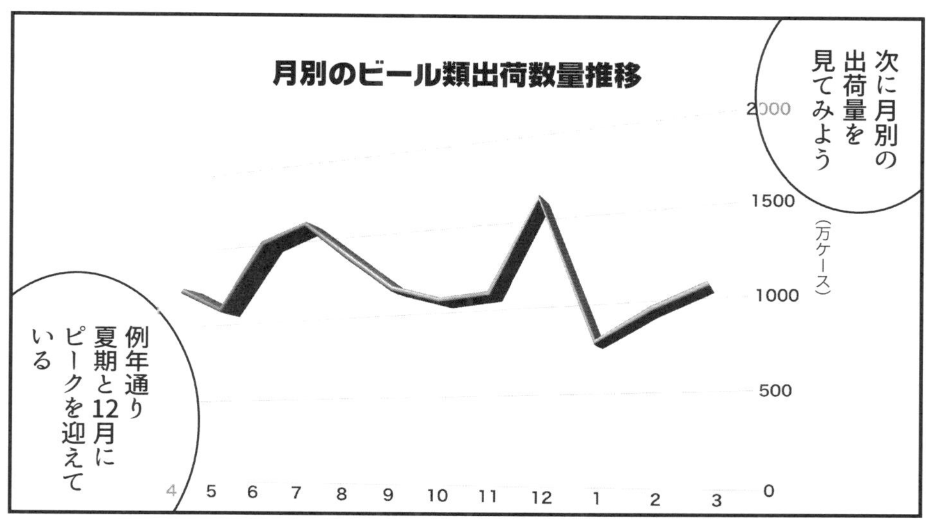

月別のビール類出荷数量推移
次に月別の出荷量を見てみよう
例年通り夏期と12月にピークを迎えている
2000
1500
1000
500
0
(万ケース)
4
5
6
7
8
9
10
11
12
1
2
3

ただ…

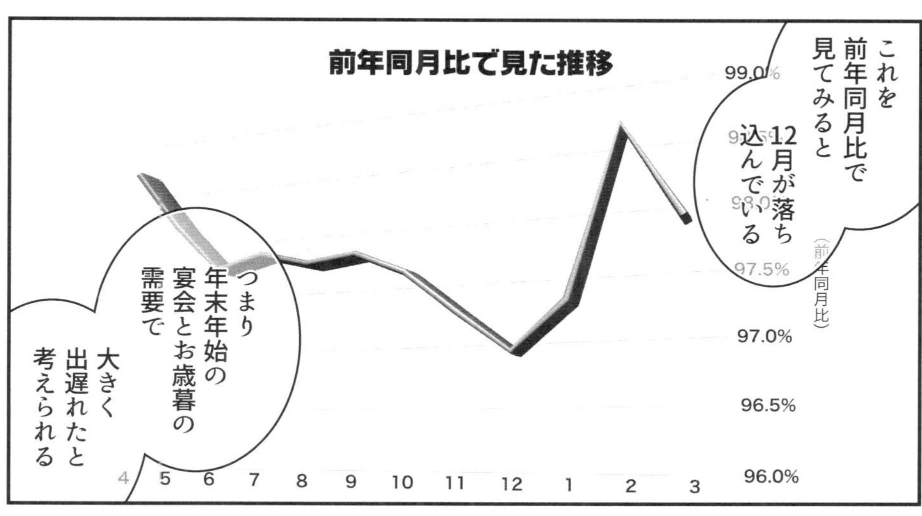

前年同月比で見た推移
これを前年同月比で見てみると
12月が落ち込んでいる
つまり年末年始の宴会とお歳暮の需要で
大きく出遅れたと考えられる
99.0%
97.5%
97.0%
96.5%
96.0%
(前年同月比)
4
5
6
7
8
9
10
11
12
1
2
3

どうだろう？
この分析結果に対して忌憚のない意見を聞きたいのだが
ここからどういう戦略が導かれるだろうか？

……

松永くんはどう思う

すばらしい分析結果です！
何とか今年もお歳暮商戦で戦えるよう頑張ります！

そうか貴重なご意見をありがとう
他には…そうだな

樹下くんは
どうかね？
去年のように
血の通わない
データに対して
ダメ出しを
頂けるかね？

…いえ
特には
…

よかった
熱血派の
樹下くんも
この分析結果に
納得いただけた
ようだ
他にも
何か意見の
ある人は？

はい！
おお
どうぞ
大山くん
ご説明いただいた
基礎集計の結果に
ついてはよく
わかりました！
とても
興味深い
お話なので
分析結果の
続きを早く
教えて下さい！

ガタッ

…続き？
そのデータを使ってどういう知見が得られたのか
はい！
ご説明いただいたのは論文とかで最初に出てくる
表1のところまでですよね？
続きを早く知りたいです！
……
ははは

大山くんはまだ学生気分が抜けないんだね
ビジネスの現場はなかなか学術論文のようにはいかないよ

え？
じゃあデータ分析はいまので終わり？

終わりも何も
これ以上分析する必要があるかね？

ええ！
マジっすか！

ビジネスの現場ってこんな幼稚な集計だけで
1兆円近いお金のこと考えてんすか！

ザワ
おい！
ザワ
ザワ

お前いい加減に…
失礼だろ君！

倉田さんはなあ
帝大経済学部を優秀な成績で出てるんだよ

帝大で円グラフの描き方なんて教えません
ていうかそのへん習うの小学生ですよ
小学校レベルの知識でドヤ顔とかどういうことですか？

ピキッ

……!!

そりゃ勇司さんも血が通わないとか言っちゃいますよ！
こんなざっくりした数字だけじゃビール買ってる人たちのことなんて
何も見えません！
シ○○○○○○○○○○○ン
オーケー
いいだろう

では君たち
2人で
すばらしい
分析結果を
持ってきて
もらおうか
え?

やったー!
ほんと
ですか!
2人
って…
俺も…?

当たり
前だ
他に誰が彼女に
ビジネスを
教えてやれると
思うんだ

………

はい!
ご指導
お願い
します!

ザワ
ザワ
ザワ
ザワ
ライジンビール社内カフェ
お前なあ！

大学ドロップアウトした人間を派遣会社通して雇うのに
どんだけ苦労したかわかってんのか！
いまどき女性を「お前」って呼ぶのマズいですよ

それに超ラッキーじゃないですか？
初日から血の通うデータ分析をさせてもらえるんだし
ガタ

そういうことじゃなく！
なんでモメる必要があんのかって言ってんだ

データ分析の
仕事がしたい
なら
あの
クソ上司と
だって仲良く
するべきだ

うーん
あのオジサンの
データの使い方が
ショボすぎたから
ですかね？

ショボい
って…
だから
そういう
言い方…

勇司さんって
お客さんに
対して誠実
じゃないですか
パキッ
絶対相手の
ためを思う
でしょ？

ん？
お
おう
まあな

タカコも
データに
対して誠実で
ありたいん
ですよね…

データというか
データのもとになった人たちに

仮に100万人からデータもらえたら
自分と100万人の最大幸福を考えたいんで

……

でもさっきのオジサンの分析結果
元データもらったけどひどいんです!

どっかの調査会社からもらったようですけど
元データの時点で全部集計してツブされた状態で
あのグラフ描く以外にどうやっても使いようがないんです!

いや
でも
データは
データ
でしょ？
POS
データ？
あの
スーパーの
レジで
たまってる
データ？
そう！
それが
違うん
ですよ！
たとえば
POS
データって
わかります？
ポイント
カードとか
使ってる
スーパーだと
あのデータの
構造って
だいたいこんな
感じになって
るんですよ！
クルッ
顧客マスター
顧客が登録された日時
氏名
電話番号
顧客の登録番号
性別
住所
生年月日
販売履歴
レシートの通し番号
店舗番号
販売金額
購買日時
購買者の顧客番号
販売数量
商品ジャンル
商品のID
(JANコードなど)
レシートの何行目か

これが？
専門用語で正規化っていうんですけどね

そういう人のお買い物の仕方を追いかけられるように
お客さん1人1人の情報と
1回1回のお買い物ごとの情報を分けておくんです

お客さんは当然同じお店で
何回もお買い物するじゃないですか
まあそうだな

サービスカウンター
顧客マスターの方は
ポイントカード作る時に書いてもらうデータ

販売履歴の方が
レジ通した時に生まれるデータですね

なんでそんなスーパーのデータに詳しいんだ？
ママがずっと地元のスーパーでレジ打ってたんで
で
倉田さんのデータの何が問題なんだ？
こういう『誰が』とか『いつ』みたいな情報が
どこにもないことです

『今月何万ケース出荷した』みたいな数字いくら眺めても
お客さんのこと全然わからなくないですか？
勇司先輩のいう血の通わないってこういうことでしょ？

そう！
そうなんだよ！
俺はなぁ

ビール飲んで喜んでくれる人のために仕事がしたいの！
でもあんな数字だけでどうこう言われても
全くお客さんの顔がイメージできないの！

あはは
勇司先輩超いい人ですね

…なるほど
つまり俺と君とで『血の通う分析』がしたかったら

こういう『誰が』『いつ』みたいな情報を含む
POSデータが必要ってことか……

そうです！

いやでもこのご時世でPOSデータなんてなかなかもらえないぞ
えー

それを何とかするのが
勇司先輩の仕事じゃないですか
お前簡単に……
……
…いや

わかった
ダメ元であたってみよう！

02

「円グラフで現状把握」の次に何をすべきか

いまだ多くの職場で残る、「円グラフを作って終わり」問題

エクセルやBIツールを使ったデータの「見える化」は、近年ビジネスの現場でよくおこなわれるようになりました。円グラフや折れ線グラフといった道具を用いて、売上、顧客数、満足度やリピート率といったさまざまな指標を見える化すれば、いちはやくビジネスの現状を理解し、商機を逃さず、またリスクに素早く対処できるようになることでしょう。

しかしながら、私が常々仕事の場でもったいないと感じるのは、見える化で満足してしまって、それ以上のデータ分析に進む組織が限られてしまっていることです。高性能のコンピュータと、質・量ともにすばらしいビッグデータを使いながら、結局円グラフを描くぐらいにしか活かせていない、という現状は初代『統計学が最強の学問である』でも指摘したビジネス界の課題でした。

では、円グラフや折れ線グラフのような「見える化」の次に、どのような視点でデータを分析すればよいのでしょうか？

その答えは、**見える化して把握した「機会やリスクの大きさ」といった指標について、「いったい何が関係しているのか」を明らかにしようということ**です。

売上が何万円、顧客数が何人、設備の故障が何件、といったさまざまな指標に対して、上がった下がったと一喜一憂するだけではデータを見る意味はありません。我々が知りたいのは、

「どうすれば売上を伸ばせるのか」
「どうすれば顧客を増やせるのか」
「どうすれば設備を故障しにくくできるのか」

といった、現状を改善し、ビジネスをより効率的に成長させるアイディアのはずです。

そしてこうした「何が関係しているのか」を探すためには、見える化のためにデータを集計する前の「生データ」と呼ばれるものが必要になっています。実のところ、売上が全体でいくら、という指標を見ていても、「誰が」とか「どんなときに」といった中身はわかりません。これを貴子は「元データの時点で全部ツブされた状態」と表現していました。

具体的にいうと、お客さんが購買したデータを、お店やお店を経営する会社がまとめ、全体的な合計値や平均値、割合といった集計値だけがメーカーであるライジンビールと共有されているという状態です。このようなデータでは、市場シェアを確認するとか、前年同月比の売上を確認するといった、現状把握にしか使えません。

（51ページより）

「顧客ごとに1行ずつ」のデータや、「1回1回の購買ごとに1行ずつのデータ」といった、粒度の細かいデータがあれば、そこからうまく「どういうお客さんがよく買ってくれているのか」、あるいはもう少し具体的にいえば、「よく買ってくれるお客さんとそうでないお客さんの違いは何か」といったことがわかります。こうした情報は、「お客さんにもっとたくさん買ってもらうためにはどうすればいいか」というアイディアのもとになることでしょう。

お客さん全員、ひとりひとりに対して自社製品についてのお話を聞くことはできません。しかし、データという形でうまくお客さんの想いを収集することができれば、適切に分析することで「たくさんのお客さんが喜んで自社の製品を買いたくなる」という施策を生み出せるかもしれません。

これが、私が本作を通じて伝えたい、データとその背後にいる人々に対して誠実に、「最大幸福」を考える、というテーマでもあります。

「データの加工」はデータサイエンティストの大事な仕事

ただし、「顧客ごと」と「購買ごと」という粒度の違うデータを合わせて優良顧客を探すためには、データをそのまま使うのではなく、ちょっとした加工が必要になります。具体的にいうと、たとえば「よく買ってくれるお客さんと、そうでないお客さんの違いは何か」を知りたいのであれば、もともとお客さんごとのデータに含まれていた特徴である年代や性別に加えて、「過去に買った商品のうち何%が酒類なのか」とか、「過去のお買い物日のうち何%が日曜日なのか」といった、購買履歴から判定する「顧客の特徴」をたくさん考えて、データとして準備しておかなければいけません。

実は、**データサイエンティストの作業時間の多くはこうしたデータの収集と加工のために使われています。また、良いデータサイエンティストとそうでもないデータサイエンティストのスキルを大きく分ける部分の1つも、このデータ加工のステップに存在します。**

「ひょっとすると関係するかも」「もし関係していたら面白いかも」という、アイディアや引き出しの豊富さによって、どのような「顧客の特徴」を用意できるかは異なってきます。そして、データとして準備した顧客の特徴だけが「お客さんの違いは何か？」という問いに対

データサイエンティスト
課題解決や意思決定を、データの分析によってサポートする職種。Googleチーフエコノミストのハル・ヴァリアン博士は2009年にマッキンゼー社の論文誌で「これからの10年間で最もセクシーな職業は統計家だ」と発言。この後「統計家」という表現以上にデータサイエンティストという職業の注目度が上がり、「これからの10年間で最もセクシーな職業はデータサイエンティストだ」という引用ミスもしばしば見られる。

する答えの候補になってきます。
逆に、性別や年代ぐらいしかデータから考えられる顧客の特徴が思いつかなければ、「男性がよく買っているかどうか」「若い人が買ってくれているかどうか」といった、大したことのない分析結果しか得ることはできません。

なお、このお話では読者の皆さんが少なくとも消費者として慣れ親しんでいるであろう**POSデータ**を題材に、分析に必要なデータの構造とその扱い方をお伝えしました（ちなみに、日本でここまでPOSデータが普及したのは、鈴木敏文セブン－イレブン元会長が世界に先駆けてPOSデータをマーケティングのために活用したという歴史的な背景があるようです）。
しかし、POSデータ以外にも「最大幸福」を実現するアイディアを見つけられるデータはいくらでもあります。広告やブランド認知に関するイメージ調査、ウェブサイトのアクセスログ、営業日報、人事関係の採用履歴や勤怠管理データ、店舗ごとのパフォーマンスと周辺環境などのデータを使えば、それらも十分に「最大幸福」の実現に寄与し得ます。きっと皆さんの会社の中にも、あるいはお使いのクラウドサービス上にも、効率的に整合性の高いデータが蓄積されるようにと、「正規化」されたデータベースがたくさんあることでしょう。
そしてこの宝の山からいったいどれだけのものを掘り出すことができるかは、皆さんの行動力と統計リテラシーにかかっています。くれぐれも宝の持ち腐れにならないようぜひ本作の内容をご活用ください。

POSデータ
「POS」は「Poirt Of Sales」の略。小売店や飲食店で商品が販売された際に記録される売上データを意味し、これを活用することで、店舗ごとの売上を日別・商品別・顧客属性別などの詳細な単位で収集・分析することが可能になる。

次回のお話では、勇司と貴子がこのデータサイエンスの仕事の８割を占めるともいわれる、「データの準備と加工」にチャレンジします。そしてそこからどのような顧客の特徴を発見することになるのでしょうか？

マンガ 統計学が最強の学問である

原作
西内啓
マンガ
うめ
(小沢高広・妹尾朝子)

第3話 ドクンと数字に血が通う瞬間を

たとえばデータを頂くという形ではなく
データ分析をお手伝いするという形では
いやーそれはちょっと…

駆け出しの頃は
先代社長に仕事のイロハを教わりました

毎日のように通って
倉庫の段ボール運びをさせていただいたり
当時はおおらかな時代でしたから

今どきは御社の方に
ダンボールなんて運ばせませんよ

…どうしても？
申し訳ないですが…

わかりました
では

我々二人を弊社の定時以降に
パートとして雇ってください！
え！
ええ！
それはちょっとマズいんじゃ
弊社の就業規則では
副業が禁止されてないんです
働き方改革前から
弊社の前身であるビール醸造所は
もともと政府の国策で生まれました
RISING BEER
当時そこで働いている社員の多くは農家の次男坊でした
つまり実家の農業をいつでも手伝えるように
副業を禁止できなかったそうです

へー
そんな事情が
もちろん頂いたお金は全て
その日のうちに御社の売場で使い切ります
なので我々は
定時の18時以降御社でパートができます
レジや倉庫がお忙しいようでしたら
データ分析以外の仕事を申しつけていただいてかまいません
何なら彼女はスーパーのレジにだって詳しい
はい！
なんでもやります！
…はあ

いやー
すごいですね
さっきの話術！
サイマード本店コンピュータールーム

まあな

おかげで過去1年分のデータにも触れて
楽しい楽しい分析の時間なんですが…

ここで勇司先輩に質問があります！
ん？

この中のいろんな数字のうち
何がどうなればうれしいですか？

うれしい？
そりゃうちのビールをたくさん買ってくれたらうれしいかな…

たくさんっていうのは数ですか？
例えば350mlの発泡酒ばっかり100缶買ってくれたら
それが一番うれしいですか？
いや
プレミアム系ビールの500mlを
たくさん買ってくれた方がうれしいよ

なんでですか？
なんでってそりゃ
金額が全然違うからね
だとしたら勇司先輩の言ってる『たくさん』は
金額のことなんですね！
ん－…
まあそうだな

データ分析って要するに
『うれしいこととそうじゃないことの違いを生み出しているのは何？』
って考えることなんですよ
つまりライジンビールの商品に
お金を多く払ってくれたお客さんと
そうでないお客さん
その違いは何か

それが勇司先輩の
知りたいことですね？
そ…
そうだな
じゃあその違いを見つけましょう
カタ
カタ
カタ
カタ
ちょっと待ってくださいね

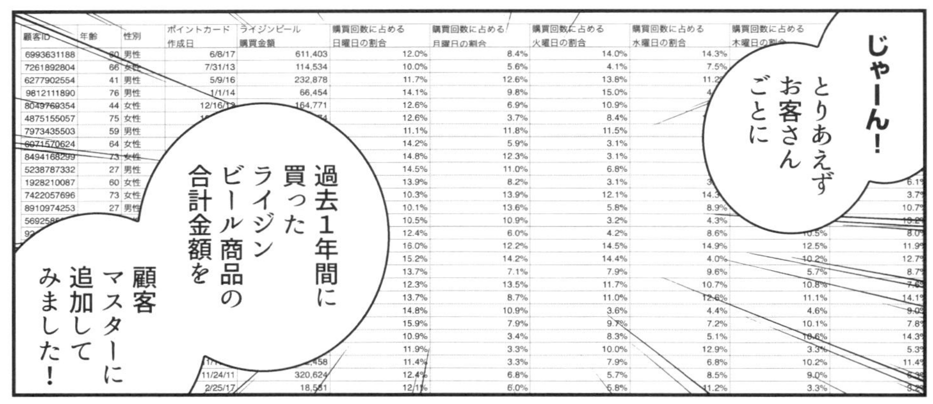
じゃーん！
とりあえずお客さんごとに
過去1年間に買ったライジンビール商品の合計金額を
顧客マスターに追加してみました！

ピボットグラフの使い方ってわかります？
エクセルで集計して棒グラフにするやつ
そりゃ大人だし

じゃあどんなグループに分けたらこの売上に大きな差がつくか
特徴を見つけてください！

縦軸がライジンビールの平均購買金額
面白い横軸を探すイメージです！
カタ
カタ
カタ
たとえば…

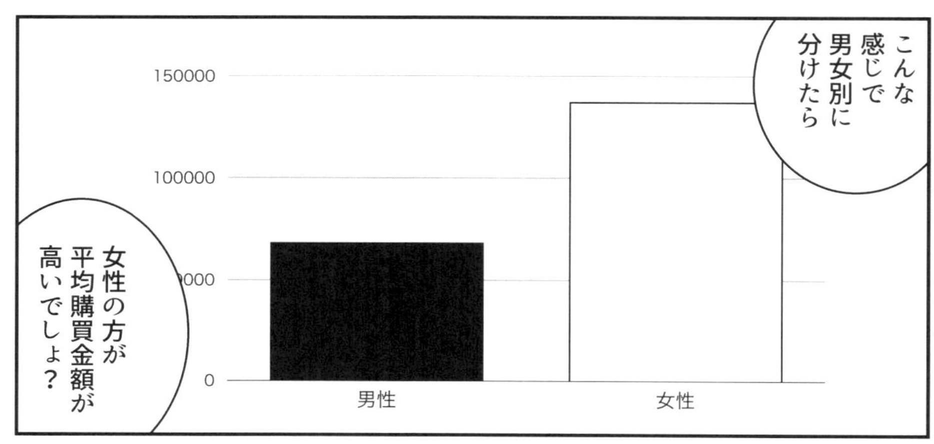
こんな感じで男女別に分けたら
女性の方が平均購買金額が高いでしょ？
150000
100000
0
男性
女性

あれ？
ビールって男性の方が多く飲むんじゃないか？
スーパーですよ
女性客がご家族が飲むビールを買うことだってあります
あそうか

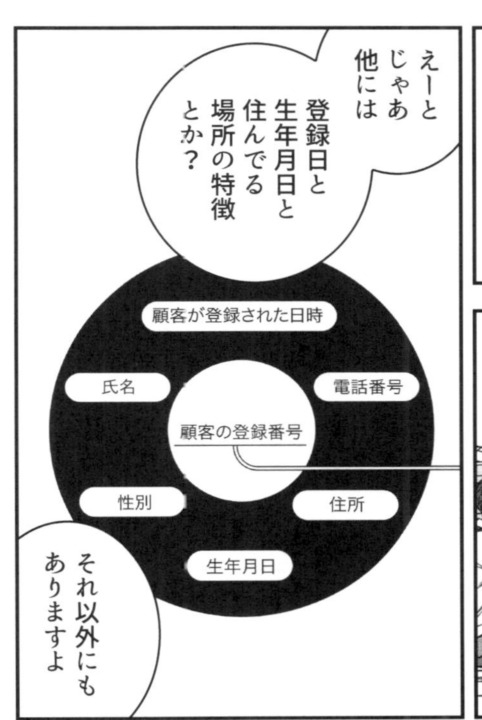
えーとじゃあ他には登録日と生年月日と住んでる場所の特徴とか？
顧客が登録された日時
氏名
電話番号
顧客の登録番号
性別
住所
生年月日
それ以外にもありますよ

せっかく購買履歴で誰がいつ何を買ったかわかるんだし
レシートの通し番号
店舗番号
販売金額
購買者の顧客番号
購買日時
販売数量
商品ジャンル
商品のID
(JANコードなど)
レシートの何行目か
それもお客さんの特徴として考えたらいいと思います！

つまり…どこの店舗でどんな日時に買いにきてるとかいうことか？
そうです

購買日時はいろんな見方ができて
曜日ごと月ごと月の上旬・中旬・下旬
時間帯別に見てもいいかも

ははは　その分析を俺にあてはめると
毎月中旬は給料日前の金欠で全然買い物してないことになる

そういうことです！

もし中旬の買いもの割合が低い人が優良顧客なら
『今のうちにまとめ買いしておきませんか？』
逆に給料日過ぎてからの『たまには贅沢しちゃいましょう』
みたいなキャンペーンで喜んでもらえそうですよね！

なるほど　確かにそういうことがわかれば
仕事に活きそうだな

やってみるか
はい！

よし！

カタ
カタ
カタ
カタ

できました？
見てみろ
キレイに差がついたぞ！

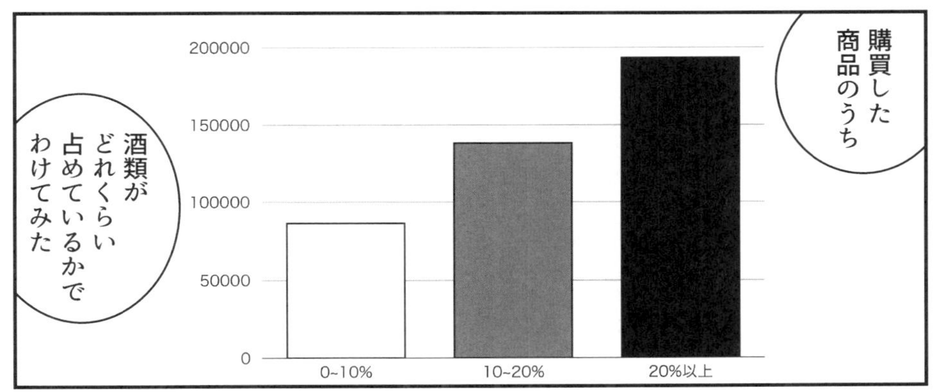
購買した商品のうち
酒類がどれくらい占めているかでわけてみた
200000
150000
100000
50000
0
0~10%
10~20%
20%以上

そうすると
酒類の割合が
多い人ほど
うちの商品
を……
ふつう！

え？

ふつう
すぎ！
それわかって
どうするん
ですか？
どうって…
お酒好きな人
ほどビール
買ってます
とか
お酒
買わない人は
ビール買いま
せんとか
わかって
うれしい
ですか？
いや…
それは
言われて
みれば…

面白い
横軸って
いうのは
『●●な人ほど
ライジンビールを
よく買ってる』と
言われて
へぇ〜！って
思うものです

お買い物する
回数が多い
人ほどよく
買ってるとか
ポイントカードの
登録日が去年
以前の人ほど
よく買ってるとか
そういうのも
ふつうです
からね

わかった
もういちど
やりなおす

私たちが
分析してるのは
過去1年分の
購買金額なので
最近
引っ越して
きた人は
どう考えても
不利です
そっか…

カタ
カタ
カタ
カタ
カタ
カタ
カタ

お
今度こそ面白いことがわかったかも
ほんと？
見てくれ 購買日付を曜日別に見た場合
土曜日に買い物してる割合が高い人ほど
うちの商品を買ってるみたいだ

あ すごい！
たぶん それ正解です

やっぱり？
だよな！
はい！
Rでもその結果出ました
ん？
…R？
無料で使えるデータ分析のツールです

考えられる限りの全パターンの説明変数作って
どれが大事か自動変数選択かけたんですよ
タカコ「R」のプログラム書くの得意なんで
説明変数っていうのは『購買に占める土曜日の割合』みたいな特徴ね

？？？
どういうことだ？

じつはいま先輩がやったピボットグラフの横軸をいろいろ検討する作業
Rで簡単に見つけられるんです

…すいません先輩

しかもものすごく速く正確に

え…？
…そうなの？

先輩なりの視点が知りたかったんです
私だったらスルーしてしまうかもしれない
実際ビールを売ってきた人の視点が
……
試すようなまねしてすみません
でも先輩にも知ってほしくて
おもしろい横軸が見つかったとき
ドクンと
数字に血が通う瞬間を

…そういうことか

だから「正解」か
ったくとんだ道化だ

…すいません
でもまあ
お前の目論見は
まあまあ成功だ
え？
数字に血が通う…か
確かにそうだな
ちょっとわかった気がするよ
数字のおもしろさが

ホントですか!?
ほんのちょっとな
で？このあとどうすればいい？
そうですねじゃあ次は…
ぐぅ〜〜〜

ったくなにか食うか
はい！
サイマート
サイマート
サイマート
あさ8時〜

03

データ分析の設計方法

「アウトプット」と「アウトカム」の違いが重要

　生のPOSデータに無事触れられるようになった勇司と貴子は、いよいよそこから「よく買ってくれるお客さんとそうでないお客さんの違いは何か」という問いに答えられるようなデータ分析をおこなうことになりました。

　こうしたデータ分析の第一歩は、貴子が「うれしいこと」と表現していた指標を具体的に決めることです。これを私たちは医学や政策科学の専門用語を取って**アウトカム**と呼びます。この言葉を日本語に訳すとしたら「成果変数」といったところでしょうか。ちなみに、統計学あるいは機械学習用語として同じものを「結果変数」「被説明変数」「従属変数」「応答変数」「出力変数」などとさまざまないい方をする人もいますが、私がこのアウトカムという言葉を好んで使うのは**「うれしいこととそうじゃないことの違いは何か」**というデータ分析のゴールがぶれないようにするためです。

　アウトカムという言葉を訳すとすれば成果変数だ、といいましたが、私がそうした用語を選んだ背景には政策科学における**「アウトプットの評価とアウトカムの評価は違う」**といった考え方が存在しています。

たとえば政府が何か新しい中小企業の支援プログラムを開始したとしましょう。データに基づいてこの政策がうまくいったか、ということを評価する方法はいくつか考えられますが、たとえば「全国でこの新しい支援プログラムの説明会が何回実施されて、のべ何人が参加したか」とか「この支援プログラムの担当窓口に何件の問い合わせがきたか」というのはアウトプット評価です。一方で「この支援プログラムにのべ何社が参加し、それぞれの企業においてどの程度生産性が上がったのか」とか「この支援プログラムにのべ何社が参加しそれぞれどの程度経常利益額が増加したのか」というのはアウトカム評価です。

アウトプットとアウトカムの違いがどこにあるかといえば、アウトプットは「それ自体は追い求めるべきうれしいことではないもの」で、アウトカムは「それ自体を追い求めるべきうれしいこと」であるということになるでしょう。

別に説明会に誰も来なくても、問い合わせ件数自体は限られていようとも、中小企業支援を通じた産業振興という目的が果たせるのであれば、この政策は世の中に「うれしい成果」をもたらしたことになります。逆にどれほど説明会に人が来ようと、結局のところ生産性や経常利益の向上といった「うれしい成果」が生まれないのであれば税金がムダになったと判断されるかもしれません。よって、政策評価においては可能な限りそれによって達成されるはずの「うれしい成果」の定義をきちんと決めて評価することが重要になるわけです。

そしてこうした考え方が重要だというのは政策評価だけでなくビジネスのデータ分析においても同じことです。データの中に情報が含まれる限り何をどう分析してもかまわないわけですが、たとえば「男性と女性の間にどのような商品選択の違いがあるか？」という問いと、「よく買ってくれるお客さんとそうでないお客さんの違いは何か」という問い、どちらを優先することがビジネスの改善案に繋がりやすいかといえば、明確に後者であると私は断言します。

男女間の商品選択の違いを理解する分析結果は「興味深い」とか「勉強になった」といった感想には繋がるかもしれませんが、だからといってどうすれば業績を向上させられるのか、といったアイディアを生み出すにはかなり遠回りなものです。一方、「よく買ってくれるお客さんとそうでないお客さんの違いは何か」という問いの答えがわかれば、それはそのまま「どうすることで今いるお客さんがもっと買ってくれるようになるのか」とか、「どういうお客さんをターゲットにマーケティングプランを考えればより効率的なのか」というアイディアのヒントになります。

この違いも、「顧客の性別」や「商品選択の異質性」は「それ自体は追い求めるべきうれしいことではないもの」であり、「よく買ってくれるかどうか」は「それ自体を追い求めるべきうれしい成果」つまりアウトカムであるからであると説明できます。

よって、**データ分析から直接的に活用しやすいアイディアを見つけようとするのであれば、何よりも明確に「こうなるとうれしい」というアウトカムを定義することが重要になります。**

「アウトカム」の設定をミスるとどうなるか

逆にアウトカムの設定に失敗してしまうと、いくら高度な統計学や機械学習の手法を使っても、あまり役に立つ知見が得られないかもしれません。たとえば勇司と貴子の会話にもあったように、「購買した商品の点数」をアウトカムだと考えて分析してしまうとどういう問題が起こるのでしょうか？

今度コンビニやスーパーのレシートをもらった際によく見ていただければわかると思いますが、レジのデータには「点数」とか「数量」といった項目が含まれています。これはつまり、そこに書かれた商品を同時にいくつ買ったかという情報です。この「点数（数量）」という値について、ライジンビール製品のものだけを抜き出し、ポイントカードからわかる**顧客ID**ごとに合計していけば、確かに一見すると、「ライジンビール製品をたくさん（何点）買ってくれているか」を評価する指標にできそうです。

しかし、このような指標でお客様が優良かどうかを判断してしまうと、たとえば350mℓの発泡酒を過去1か月に「10缶」買った人は、同じ期間にプレミアムビールの500mℓ缶×24本を「3ケース」買った人よりも「うれしい顧客」であると扱われてしまうかもしれません。なぜならレシート上の値としては、前者の顧客は「10点の購買」で、後者の顧客は「3点の購買」ということになるからです。

このように発泡酒も、プレミアムビールも、サイズもパッケージ内の缶の数も考慮せずに

顧客ID
たとえばPOSデータでは「顧客ごとの情報」「どの顧客が買ったかという情報を含む購買一件ごとの情報」という粒度の異なる情報が別々に管理されており、それぞれにおいて「どの顧客のデータなのか」を識別する共通IDが存在している。POSに限らず「顧客」という情報を扱う営業管理ツールなどでも顧客IDは存在しているし、必要に応じ商品ID、店舗ID、従業員IDといったものも存在している。

「何点買ったか」に関係する要因を探していては、マーケティングに活かせるようなアイディアは正しく見つからないでしょう。仮に、前者には「たまにビールを飲む習慣のある一人暮らしの若者」が多い一方、後者は「二世帯同居で家族の大人全員がよくビールを飲む習慣のある家庭」が多いとしましょう。前者のほうがうれしい顧客という分析結果になれば、当然「一人暮らしの若者を集客するキャンペーンを企画しよう」という話になってしまいます。しかし、マーケティング活動を通して同じ人数の集客に成功した場合、どう考えても効率が良いのは「プレミアムビールをちょくちょくケース買いしてくれるような顧客を集める施策」のはずです。

良いアウトカムとは、その数字が大きくなったり小さくなったりすることが、分析者や分析の依頼者、場合によっては世の中にとって「確実にうれしいもの」です。また、**良いアウトカムは、関係者によるズルがしにくく、どれだけ異質な状況から出てきた数字であっても、アウトカムが同じ値なら「同じようなうれしさ」になるもの**といえます。

商品点数をアウトカムとして考えた場合には、1円の商品を企画して何百個も売るとかいうズルが成立しえます。「同じ点数でも商品単価が違えばうれしさは変わってくる」というなら、きちんとその単価も考慮したうえで「たくさん買ってくれる」度合いを評価しなければいけません。そうした点をクリアにするために、貴子は「たとえば350㎖の発泡酒ばっかり〜」といった具体例をあげて、勇司のイメージする「うれしさ」を整理しようとしたのでしょう。こうした「うれしさ」についてのイメージをすり合わせたうえで、勇司と貴子

（68ページより）

は過去1年間で自社製品をどれだけの金額買ってくれたか、すなわち「総購買金額」というアウトカムを考えることにしました。

「アウトカム」を設定したら、説明変数の候補を考える

アウトカムを決めたら、次に可能な限りたくさんの**説明変数**の候補を考えていきましょう。**説明変数というのは、アウトカムを「説明」するかもしれない変数という意味です。**機械学習の専門家たちは同じものを**特徴量**と表現することもあります。たとえば今回の例のように顧客ごとの違いに着目した分析を考えるのであれば、データから可能な限りたくさんの顧客の特徴を定義しましょう。すると、それらのうちどれが、どれだけアウトカム（今回なら総購買金額）の大小を「説明」しうるか、データ分析によって

明らかにすることができます。

顧客の特徴、といわれたら、多くの人はまずポイントカードを作ってくれたときに記入する性別や、同じく生年月日から判別された年代などを思い浮かべるでしょう（52ページ参照）。ですが、これだけではありません。住所は多くの場合フリーテキストで記入されているかと思いますが、地域を分類したってかまいません。全国チェーンあるいは全国に通販をおこなっている会社であれば地域の分類として都道府県ごとに分けますし、スーパーマーケット1店舗だけのデータから顧客の居住地域を分けるのであれば「〇〇町」とか、場合によると「何丁目か」といった細かさで分けることもあるでしょう。ポイントカードを作ってくれた登録日が何月なのか、上旬なのか中旬なのか、あるいは何曜日なのか、という分類も1つの「顧客の特徴」ですし、同じポイントカードの登録日から「ポイントカードを作ってくれてから今日まで何日経っているか」という数値化した情報を顧客の特徴として考えてもまったく問題ありません。

また顧客の特徴を考えるうえで使えるデータは、レシート側にも存在しています（52ページ参照）。ポイントカードの登録日と同じように、レシートに印字される購買日に対して、何月なのか、上旬なのか、何曜日なのか、と考えてもいいわけです。

ただし、一点だけ注意しなければいけないのは、これらのレシート側の情報はポイントカードを作ったときの情報と異なり、基本的に「顧客1人につき1つの情報」という形でとられているわけではないということです。ポイントカードを作る際に登録した性別は「顧客1人につき1つの情報」ですが、レシート側の情報は同じ顧客でも買い物をするたび増えていきます。同じ顧客が水曜日に来ることもあれば土曜日に来ることもあるでしょう。

これを「顧客の特徴」という、「顧客1人につき1つの情報」という形で扱うためにはどうすればよいのでしょうか？　この場合、たとえば「過去1年間で水曜日にお買い物した回数」であるとか、「過去1年間の全ての購買に占める水曜日の割合」といった形に集計する必要があります。こうすれば顧客ごとに複数回存在しうる購買データを「顧客1人につき1つずつの特徴を示す変数」としてまとめることができます。

このような**「顧客の特徴」すなわち説明変数の候補が、「○○な人ほどライジンビールをたくさん買っている」という分析結果の「○○」の部分になります。**なので、できるだけその可能性を広げておくにこしたことはありません。逆に性別や年代といった限られた説明変数しか考えていなければ、いくら高度な分析手法を使おうと、「女性がよく買っている」とか「40代がよく買っている」といった当たり前の結果しか得ることはできないわけです。

日本で教えられていない「リサーチデザイン」

このように**「どのようなアウトカムについての分析をおこなうか」「どのような説明変数の**

候補を考えるか」という考え方あるいはそのプランニングをおこなうためのスキルセットは**リサーチデザイン**と呼ばれます。「どのような統計手法を使って分析するか」という以上に「そもそも何を分析するか」を考えられるようになることは、実用上とても重要な問題であり、アメリカの大学院などでは研究者育成の観点から専門的に学ぶためのカリキュラムが組まれていたりします。しかし、残念なことに日本国内で学ぶ機会はあまりありません。おそらくデータ分析の専門書でもあまり言及されていませんし、私が客員教員などの立場で実習を指導している一部の大学を除けば、日本国内の大学でもあまり教えられていないように思います。

リサーチデザインのコツが言及されていない代わりに、データ分析や調査設計関連の書籍でどういう記述が見られるかというと、「注意深く仮説を立てて分析しましょう」といった毒にも薬にもならないアドバイスだけが書いてあるものはいくつか見かけたことがあります。しかし、私はそうした記述を読むたび、具体的にどういうポイントに気をつければいけないのかということがわからなければ、注意深くなりようもないだろうにとツッコミを入れたくなります。

私自身、これまでさまざまな業種の、さまざまな業務領域に関する分析をお手伝いしてきましたが、それがなぜ可能なのかというと大学院生時代から教員時代にかけてみっちりとリサーチデザインのスキルを磨いてきたからです。そして、「何がどうなるとうれしいですか」というアウトカムや「このデータからどのような特徴が考えられますか」という説明変数のヒアリングを怠らなかったからにほかなりません。

リサーチデザイン

国際的に定番教科書として売れているのがJohn W. CreswellのResearch Designという本であり、その本が「（統計学などの）量的な研究」「（社会学のインタビュー調査などの）質的な研究」「それらを合わせた混合研究」という分類で整理されており、筆者もこの本に大きな影響を受けたため、『統計学が最強の学問である』というシリーズ全体で意外と質的研究の話もちょくちょくしている。

（77ページより）

考える前に、データを網羅的に分析してしまおう

今日では多くの企業においてすでに大量のデータが存在しています。そして、たとえば貴子も使っていた**「R」**などの「少しプログラミングができれば誰でも無料で高度な分析手法を実行できるツール」が複数存在しています。

世界中の統計学者や機械学習の研究者がRで動くプログラムを開発・公開することにより、最新の統計手法や機械学習手法をわずか数行のプログラムを書くだけで実行できるようになりました。一般的なパソコンにRをインストールしさえすれば、たとえば何十万人の、千項目もの説明変数を含むデータであったとしても恐れる必要はありません。アウトカムの設定を間違えず、説明変数のアイディアが豊富で、それらのデータ加工作業に習熟していれば、「どの説明変数がアウトカムと明確に関係していると考えら

R

1992年にニュージーランドのオークランド大学で教鞭をとっていたロス・イハカとロバート・ジェントルマンによって開発されはじめたオープンソースの統計解析ツール。

図表 3-1　「R」の画面

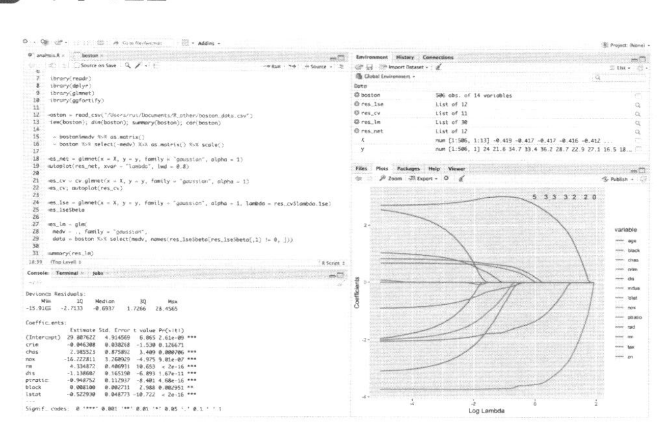

れそうか」を考えるための分析作業もすぐに実行できてしまいます。

　このようにデータ分析のテクノロジーが発達し普及した現状では、**「注意深く仮説を考えよう」とひとつひとつ仮説を考えるために頭をひねるより先に、アウトカムの設定だけはよく検討したうえで「それに関係するかもしれない」という説明変数の候補をできるだけたくさん考えてデータを加工するほうがおすすめです。**候補となる説明変数の中から、統計学的な基準に基づき「アウトカムとの関係が強そう」「再現性もありそう」といったものを見つけるのはコンピュータの得意な作業ですので、そのほうがずいぶんと生産的になるはずです。

　このようにして得られた「アウトカムと関係が強そうな説明変数」を見てから初めて、「これはどういうことを意味しているのだろうか？」と仮説を考えたほうが、人間の頭は有益に使うことができるのではないかと私は考えています。つまり、**ひとつひとつ仮説を考えてからそれぞれを検証するための分析をおこなうのではなく、データから網羅的に分析をおこなった結果をもとに、それらをひとつひとつ解釈しながら仮説を考えましょう**というわけです。

そしてそうした分析結果から得られた仮説に基づき、自分がこれまでうまく言語化できなかった可能性に気づいて、「これは仕事に活かせるかも！」というアイディアをひらめいた瞬間こそが、貴子のいう**「ドクンと数字に血が通う瞬間」**なのでしょう。私たちデータ分析者は、そんな瞬間に立ち合うことに快感を覚えるからこそ、難しい論文を読んだり複雑なデータ処理をおこなう苦労をいとわないのかもしれません。

ドクンと数字に血が通う瞬間

これに関しては面白い経験ほど「本気で今も企業の競争力の源泉になっているからよそに漏らしてマネされるわけにはいかない」という性質があるため、具体的にどういう瞬間に興奮したかみたいな話を私から一切語ることができない。そのため昔のファミコンの攻略本のように「実際に君自身の目で確かめよう！」としかいえないのだが、実際にデータ活用に関わったら確実に面白い場面にちょくちょく出会えることは保証するので、ぜひ皆さんも体験してほしい。

マンガ 統計学が最強の学問である

原作
西内啓

マンガ
うめ
(小沢高広・妹尾朝子)

第4話 変える？ 狙う？

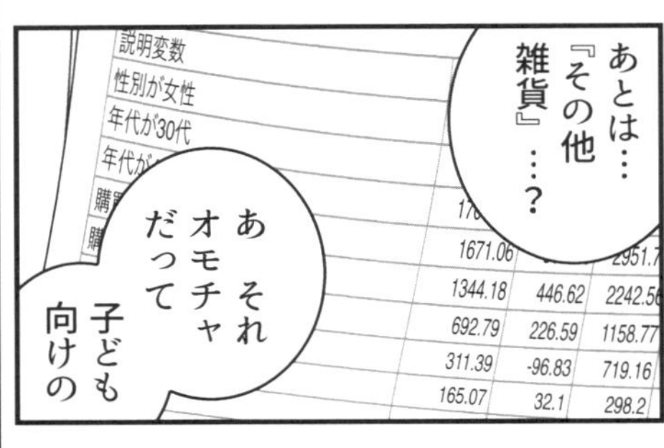
あとは…『その他雑貨』…？
あ それ オモチャだって 子ども向けの
説明変数
性別が女性
年代が30代
1671.06
1344.18 446.62 2242.56
692.79 226.59 1158.77
311.39 -96.83 719.16
165.07 32.1 298.2

で ここに出てきた説明変数と係数の組合わせで数式作ると
おおむねライジンビールの購買金額が説明できます

ああ
お菓子売り場の隣にワンコーナーありましたね

マジか
例えばまずこの性別のところ

やっぱりポイントカードの名義が女性の方が
年間7万円くらい多く買ってますね

へ～やっぱご家族の分か
はい

年代だと30～40代がピークで
1～2万円ほど他の年代より多く買ってます

他にも
土曜日に
買いに来る
割合が多い
お客さんや
お惣菜の
割合が多い
お客さん
そういう
お客さんが
どのくらい
ライジンビールを
買ってくれてるか
わかるんです

なるほど
で
この結果を
もとに俺は
どうしたら
いいの？
あはは
それは
知らない
です
は？
私ビールの
お客さんにも
売り方にも
詳しいわけ
じゃない
ですもん
でもヒント
だけなら
わかります
ヒント…

たとえば この結果 だと

『土曜にもっと サイマートへ 来てもらう』 『そうすれば ライジンビール たくさん 買ってくれそう』

	efficients	confint_L	confint_U	p
	70409.41	48472.78	92346.53	<
	12506.93	5342.2	19670.34	
	17046.69	8575.4	25517.91	<
る土曜日の割合	1671.06	391.86	2951.76	
る惣菜の割合	1344.18	446.62	2242.56	
る 割合	692.79	226.59	1158.77	
	311.39	-96.83	719.16	
	165.07	32.1	298.2	

って 可能性が 見えます よね

じゃあ『狙う』方は？
たとえばいくら女性の方が買っていってくれてるっていってても
性別変えてもらうのはダメでしょ？

だから100人のお客さん集めるときに
できるだけ女性の割合が高くなるように狙うんです
なるほど…

お客さんのイメージ像は
勇司先輩が誰よりもつかんでるはず

今度のミーティングが勝負です
がんばってください

おう！

ライジンビール
今期の販売戦略を考えるにあたり
サイマートさんとそして大山さんのお力添えをいただきまして
データ分析の結果を皆さんと共有することができました
まず結果の全体像をご覧ください

説明変数	回帰係数	９５%信頼区間	p値
性別が女性	70409	48472 ～ 92346	<0.001
年代が30代	12506	5342 ～ 19570	0.001
年代が40代	17046	8675 ～ 25517	<0.001
購買に占める土曜日の割合（1%あたり）	1671	391 ～ 2951	0.011
購買に占める惣菜の割合（1%あたり）	1344	446 ～ 2242	0.003
購買に占めるオモチャの割合（1%あたり）	692	226 ～ 1158	0.004
購買に占める菓子類の割合（1%あたり）	311	-97 ～ 719	0.135
購買に占める精肉の割合（1%あたり）	165	32 ～ 298	0.015

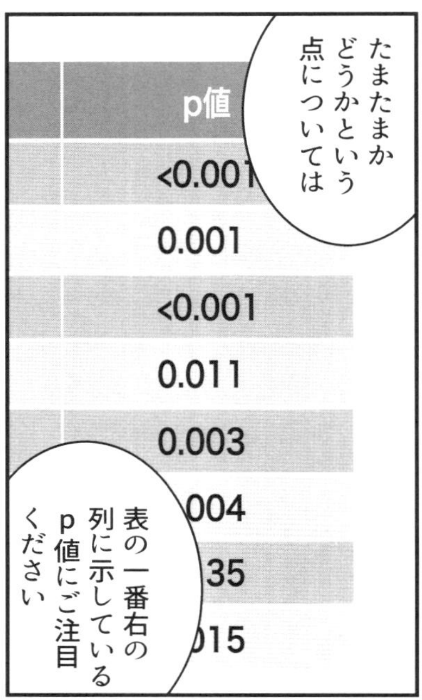
たまたまかどうかという点については
p値
<0.001
0.001
<0.001
0.011
0.003
表の一番右の列に示しているp値にご注目ください

たまたまの誤差だけでこれほどの違いが
生じていると考えられる確率は0・1%もありません

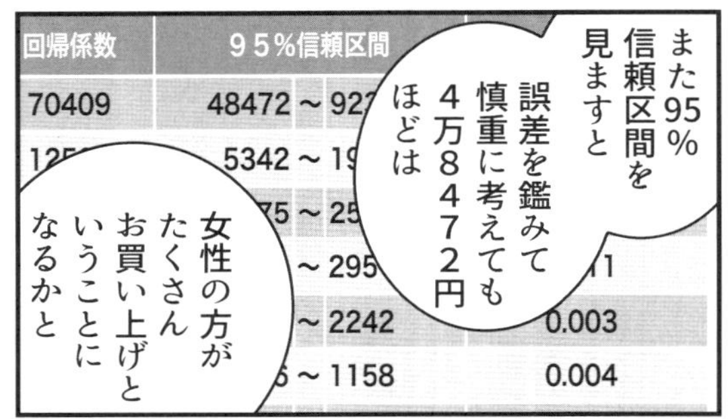
回帰係数
９５%信頼区間
70409
0.003
0.004
また95%信頼区間を見ますと
誤差を鑑みて慎重に考えても4万8472円ほどは
女性の方がたくさんお買い上げということになるかと

ザワ
ザワ

…そういうことだ
みんなもわかるかね？

ニッ

続けます
倉田課長のご指摘に従い
統計的に信頼できる点をピックアップしましょう

お惣菜オモチャ精肉をよく買われる女性
それがサイマートにおける
最重要顧客像ということがわかりました

30～40代でご家族のお買い物をし
土曜日によく来店されて

オオーーーッ

なるほど
サイマートに通う客のイメージ像は共有できた

だが
スーパーに
通う客層は
だいたいそう
じゃないか？
これが
君のいう
血の通った
分析かい？

たしかに
どの
スーパーでも
だいたい
そんなもん
だよな

いえ

この
分析結果
から
私はたいへん
大きなヒントを
もらいましたが
私の強みは
データよりも
フットワーク
です

改めて
サイマート
さんに
お願いして
土曜日の
お店を詳しく
見て回りました
ピッ
そこで
わかったのが
こちらです

おお！
なるほど
ザワッ

サイマート
あさ
8時〜
あの
ユニホーム
さいたま
ローズか!
SAITAMA
ROSE
10

幸い
この顧客像に
完全にマッチ
する
みなさん
元気な
男の子が
いるから
お肉を
たくさん
食べます
たくさんの
お客様に話を
伺えました
土曜日は
スタジアムや
家のTVで
試合を観戦
しながら
ホーム
パーティ
というのが
習慣に
なってる
そうです

ホームパーティか
ザワ
ザワ
それならビールは欠かせないよな

そこで私が提案したいのは
ドーン
ドン
こちらです

ライジンビールのイメージカラーの
山吹色ではなく
さいたまローズのイメージカラーの
赤いラベルをデザインし貼り付けてみました
RISING BEER
SINCE 1896
Premium
もともと埼玉地域は弊社の工場もある重要地域ですが
埼玉製のライジンビールであることも訴求したいと考えています

樹下くん
そんなこと勝手に…

工場にも確認しましたが
ビンビールのラベルだけに絞れば
それほどのコストではありません

埼玉地域でこの取り組みが成功すれば
適切なスポンサーシップを結んだ上で

地域性や愛されるスポーツチームの
イメージを取りこんでいく
というのが今後の戦略として考えられます

オォーー!!
なるほど!

いや
まてまて

相関と因果は違うということを知らないのか？
こういうことは慎重に議論しないと…

え？
例えば君

土曜日に買い物する割合が高い人たちがよくうちのビールを買っていると言ったね？
これはただの相関だよ

…はぁ
土曜日にたくさん買い物させたからといってビールをたくさん買ってくれるとは限らない

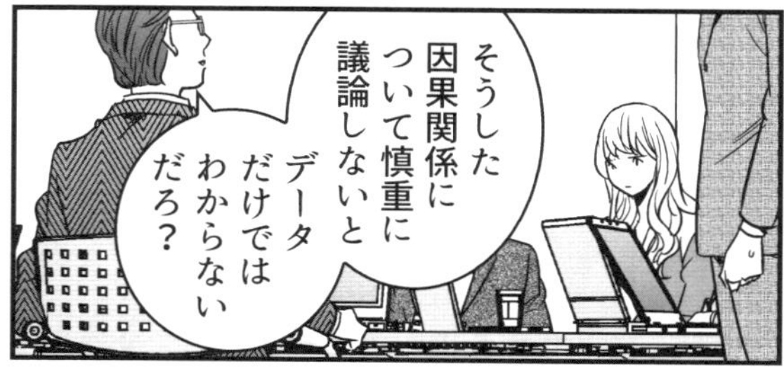
そうした因果関係について慎重に議論しないとデータだけではわからないだろ？

…たしかに
この時点では因果関係があるとは言い切れませんね

倉田課長は反対なのか？
ザワ
ザワ
ど……どっちが正しいんだ？

え？

それを確認しないと
そりゃ正式な展開はダメですよね

おい！
さすが我が後輩よくわかってるじゃないか

ということはランダム化比較実験で因果関係を実証すれば
正式な展開しちゃっていいってことですね！

ん…？
ランダム…化？

帝大出身ですもん
当然ご存知ですよね
これで実証されれば反対する理由がないことも

も…
もちろんだ
大丈夫
まかせて
では勇司先輩
準備にかかりましょう
失礼しまーす
お…おい

04

統計モデルの作り方

「統計モデル」とは何か

第4話の冒頭で貴子は**「統計モデル」**という言葉を使いました。「統計モデル」とは、現実の現象を「よく模している」数式を統計データから作ったものです。プラモデルは現実にはプラスチックではなく金属などでできた、自動車や飛行機や架空の世界のロボットなどを、プラスチックを使って「よく模したもの」ですが、統計モデルもこれと同じです。現実に存在している自然や社会の現象はコンピュータゲームのように「裏側でコンピュータが数式を計算した結果生まれたもの」というわけではありませんが、自然や社会の現象に対して「統計学を使ってよく模している数式」を作ろうとしたものが統計モデルだということができます。

この統計モデルという考え方を理解するために、ひとまずシンプルなデータを考えてみましょう。AさんからJさんまで10人のお客さんについて、過去の購買日に占める土曜日の割合と、ライジンビールの年間購買金額をまとめた結果が図表4－1になります。

図表4-1 ライジンビールの年間購買金額のまとめ

お客さん	土曜日の割合（%）	年間購買金額（円）
Aさん	0.0	25,649
Bさん	20.0	41,493
Cさん	33.3	54,889
Dさん	40.0	28,318
Eさん	50.0	38,097
Fさん	60.0	33,602
Gさん	66.7	57,888
Hさん	75.0	75,984
Iさん	80.0	74,385
Jさん	100.0	72,191

前回考えたリサーチデザインの考え方に基づき、ライジンビールの年間購買金額というアウトカムに対してどういう説明変数が関係しているか、ということを知りたいというのであれば、当然この「過去の購買日に占める土曜日の割合」といった値も1つの説明変数であると考えられます。果たしてこの説明変数がアウトカムと関係していそうなのかを分析してみましょう。ひとまず分析に入る前にこのデータの見える化をおこなってみます。

図表4−2は横軸（x軸）に「購買に占める土曜日の割合」、縦軸（y軸）に「ライジンビールの年間購買金額」をそれぞれ表す座標を考えて、一人一人のお客さんについての情報を1つずつ点で表したものになります。なお、**統計学では慣例的に、y軸ではアウトカムを、x軸では説明変数をプロットするというのがお作法です。**たとえば一番左側にある点は「過去の購買

図表4-2　購買に占める土曜日の割合とライジンビール年間購買金額の関係

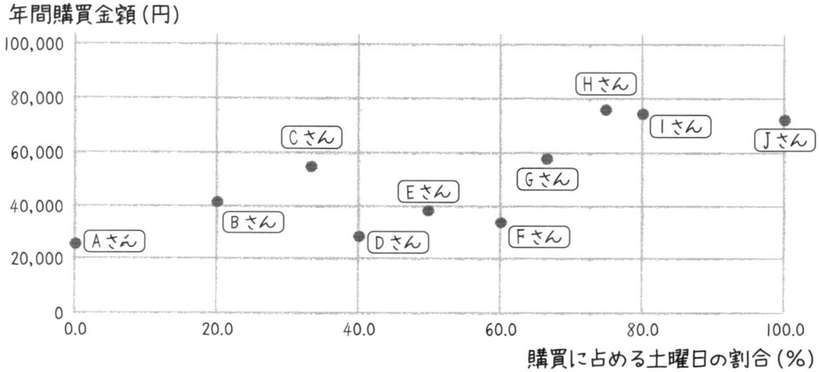

に占める土曜日の割合が０％かつ年間にライジンビールを２５６４９円買っていたＡさん」の情報が示されています。このようなグラフを、「座標上に点々を散らばらせて配置した図」といった意味で**散布図**と呼びます。

　散布図を描いただけでも「何となく土曜日によく来ている人のほうがよくライジンビールを買ってくれている傾向にありそう」ということは見て取れますが、「見える化してみて何となくそう思う」というのはデータ分析とはいいません。それが許されるのはせいぜい小中学生の自由研究ぐらいまででしょう。

　より具体的にこの説明変数とアウトカムの関係に言及しようとすれば、何かしら統計モデルを考える必要があります。たとえばごくシンプルに「右肩上がりの直線で両者の関係性を捉えよう」というのも立派な統計モデルです。なぜなら中学校で「１次関数」として習うように座

図表4-3　最もシンプルな統計モデルの例

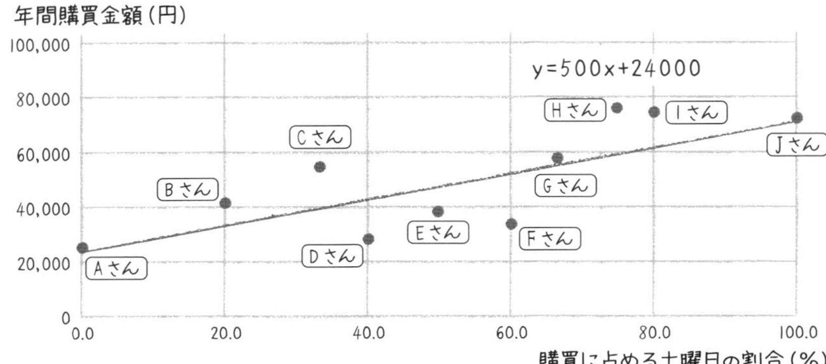

標上の直線もy＝ax＋bといった形式の数式で表すことができるからです。これも立派な「統計学を使ってよく模している数式」ということができるでしょう。

単回帰分析は最もシンプルな統計モデル

このように1つの（単一の）説明変数と1つのアウトカムの関係を直線の数式で模そうとする分析は**単回帰分析**と呼ばれます。

実際に単回帰分析をおこなって、先ほどの散布図内に「説明変数とアウトカムの関係をよく模している直線」を引き、その数式がどうなっているかを記入すると図表4－3のようになります。

なお、統計モデルが「よく模している」とい

回帰分析

統計学の教科書にはｔ検定や、カイ二乗検定などさまざまな統計手法が登場する。これらデータ間の関連性を示し、それが誤差と呼べる範囲なのかを検定する手法は、大きな枠組でいえば全て一般化線形モデルという考え方のもと回帰分析の一種といえる。単回帰分析、重回帰分析も当然そのうちの1つであり、『統計学が最強の学問である』第5章で「統計学の理解が劇的に進む1枚の表」という形で示したものである（294ページも参照）。

うのは、統計モデル（今回であれば直線の式）におけるアウトカムの値と、もともとのデータにおける実際のアウトカムの値のズレが全体として小さいかどうかをいいます。たとえば図表4－3を見ると、土曜日の割合が0％であるAさんとか、66・7％であるGさん、10０％であるJさんについては直線（統計モデル）のy軸の値と、点で示された実際の値のy軸の値はあまりズレが見られません。一方で、土曜日の割合が33・3％であるCさんや75％であるHさん、80％であるIさんについては、実際の値（点）より統計モデル（直線）の値が少し低めになっています。逆に土曜日の割合が40％であるDさん、50％であるEさん、60％であるFさんといった顧客については、統計モデル（直線）の値は実際の値（点）より少し高めということになります。

プラモデルでも、「模そうとしているもの」より余計に出っ張っていたり、逆に余計に引っ込んでいるところが多いと「精度が悪い」と表現されるでしょうが、統計モデルもそれと同様です。現実のデータと数式がピッタリ合うことは難しいにせよ、トータルでズレの小さい統計モデルを考えるとしたらどのような式になるかを考えるわけです。

このように数式が得られたら、次にその中身を解釈しましょう。単回帰分析から得られた直線の式はy＝500x＋24000で表せると示しましたが、このy軸の値はアウトカムである「ライジンビールの年間購買金額（円）」であり、x軸の値は説明変数である「購買日に占める土曜日の割合（％）」でした。よって今回考えた両者の関係を表す統計モデルは次のようになります。

年間購買金額＝500×土曜日の割合＋24000

なお、この「500」という部分について中学校では「傾き」と習います。これは土曜日の割合が1（％）増えるごとに購買金額は500円ずつ大きい傾向にある、という意味であり、単回帰分析の結果得られた「傾き」は統計学の専門用語で**回帰係数**と呼ばれます。

一方、「24000」という部分は中学校でも統計学の専門用語でも**切片**と呼ばれ、「仮に土曜日の割合が0％だった場合、アウトカムは24000円だと考えるのがよさそう」ということを示しています。さらにこれらを組み合わせることで今回使ったデータには存在しない「購買日に占める土曜日の割合が10％のお客さんがいたら年間でライジンビールをいくら買ってくれそうか」という情報についても見積もることができます。すなわち、10×500＋24000という計算から、約29000円ほど買ってくれるのではないか、ということになるでしょう。

このように具体的な数式で表す統計モデルを考えることで、「何となく土曜日によく来ている人のほうがよくライジンビールを買ってくれている傾向にありそう」という話から一歩踏み込んで、「土曜日に来店する割合（％）が1増えるごとに年間500円ずつライジンビールの購買金額が高い傾向にある」という関係性や、「具体的に説明変数がいくつだったらアウトカムはどれだけになりそうか」というシミュレーションができるわけです。

図表 4-4　より複雑な統計モデルの例

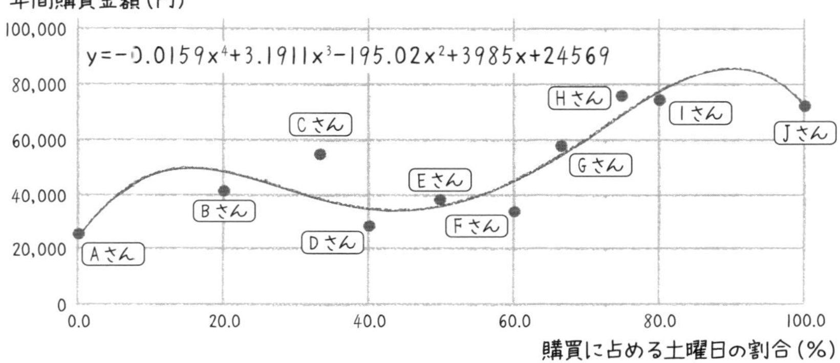

ちなみに、読者の中にはこの「直線で表す」という考え方をあまりに単純化しすぎだと感じた方もいらっしゃるかもしれません。先ほども述べたように、土曜日の割合が33・3%であるCさんや75%であるHさん、80%であるIさんについては、実際の値（点）より統計モデル（直線）の値が少し低めになっていますが、土曜日の割合が40%であるDさん、50%であるEさん、60%であるFさんといった顧客については、統計モデル（直線）の値は実際の値（点）より少し高めという状態になっていました。

だとすればこうした統計モデルと実際のアウトカムの値のズレを吸収するような数式で表したほうがより精度が高いといえるのではないか、という考え方もあるでしょう。もちろんそうしたことも可能といえば可能です。たとえば先ほどの直線はｙ＝ａｘ＋ｂという1次関数の形で表されましたが、ｘの４乗だとか３乗だとかいったものも含む４次関数を使うと図表４－４のような「ズレが小さい曲線」の統計モデルを考えることもできなくはありません。

しかしながら、実際にこのような統計モデルが用いられることはほぼない、といってよいでしょう。理由は2つほどありますが、1つは解釈性の問題です。説明変数とアウトカムの関係がこのような数式で表された、ということがわかったとして、そこからどのようなアクションを考えればよいでしょうか？

先ほどの単回帰分析の結果からはたとえば「土曜日に来店する人ほどライジンビールをよく買ってくれるのだから、そういった人向けのキャンペーンを考えれば効率が良さそう」ということがすぐに考えられます。しかし、複雑な4次関数の式がわかっても、この説明変数（購買日に占める土曜日の割合）が大きいほうがいいのか小さいほうがいいのか、具体的にどれぐらい大きくなればどの程度アウトカムに影響するのか、ということを判断することができません。

またもう1つの問題が、**オーバーフィット**と呼ばれる問題です。4次関数の統計モデルはもともとの直線を考えた統計モデルと比べて、土曜日の割合が「20～30％は購買金額が特別に高くなる」とか「40～60％は特別に低めになる」「80％前後は特別に高くなる」といった状況を想定していることになりますが、果たしてそんなことあるでしょうか？

「土曜日の割合が1（％）増えるごとに平均的には500円ずつ購買金額が高い」という統計モデルが基本的に正しいとしても、当然それだけでは説明しきれない個人差といったもの

オーバーフィット、オーバーフィッティング
「過学習」とも呼ばれる。統計学や機械学習では、「クロスバリデーション」と呼ばれるオーバーフィットになっていないかの検証もおこなわれる。なお最近ではあまり見なくなったが、AIブーム当初は「すごい精度で○○○を予測できる手法を開発しました！」みたいな企業のプレスリリースに対して、データサイエンティストたちがSNSで「ただのオーバーフィットでは」とつっこむ状況を日本語圏英語圏の両方で見かけた。

によって、多少購買金額が前後にバラつくことは十分に考えられます。今回10人という限られたデータで分析をおこなったため、たまたま土曜日の割合が「20～30％は購買金額が特別に高くなる」とか「40～60％は特別に低めになる」「80％前後は特別に高くなる」という傾向が見られたかもしれませんが、それもあくまでただの個人差だと考えたほうが自然です。そうすると、今後別のお客さんについてその「分析したデータにたまたま含まれた個人差」を参考にしてしまうことで、かえってズレが大きくなってしまうでしょう。

これが「データに対して（たまたまのバラつきまで含めて）過剰にフィットさせようとしてしまうこと」という意味でオーバーフィットと呼ばれる、統計モデルを考えるうえで避けるべき状況になります。

これら2つの理由のため、よっぽど何か特別な理由でもない限りは、基本的にまず「説明変数が1増えるごとにいくつアウトカムが増える傾向にあるのか」といった直線的な統計モデルを考えることになります。

また、説明変数が「土曜日の割合（％）」といった数値的なものではなく、質的に分類するようなものであることもしばしばありますが、こうした場合も**ダミー変数**というものを考えることでやはり統計モデルを考えることができます。たとえば先ほどの10名のデータについて、追加で性別に関する情報を調べた結果、図表4－5のようにまとめられたとしましょう。

こちらも「何となく女性のほうが購買金額が高そう」な気がしますが、これを具体的に統

ダミー変数

「ダミー変数」の扱いについては『実践編』第3章に詳しく記した。なお機械学習側の人は同じものをワン・ホット・エンコーディングというカッコよさげな名前で呼びがちだが、統計学側の人はそれを聞くたび「ただのダミー変数やん」と内心つっこみを入れがちである。

図表4-5 図表4-1に「性別」の情報を加えた

お客さん	土曜日の割合(%)	年間購買金額(円)	性別
Aさん	0.0	25,649	男性
Bさん	20.0	41,493	男性
Cさん	33.3	54,889	女性
Dさん	40.0	28,318	男性
Eさん	50.0	38,097	男性
Fさん	60.0	33,602	男性
Gさん	66.7	57,888	女性
Hさん	75.0	75,984	女性
Iさん	80.0	74,385	女性
Jさん	100.0	72,191	女性

計モデルで表そうとしても、性別は数値ではありませんので「性別が1増えるごとに……」といった数式を考えることができません。ですが、たとえば「女性なら1で男性なら0」といったようにこの性別の情報を数字に置き換えてみることでこの問題は解決します。プログラミングをするときにも「フラグ」などといって、「何かの状態に当てはまるか／当てはまらないか」という情報を1か0かという値で表現することがありますが、それと同様に「何かの状態に当てはまるなら1で当てはまらない場合は0」と表現したものを統計学の専門用語でダミー変数と呼びます。たとえば「女性なら1で男性なら0」というものであれば「女性ダミー」と呼ばれますが、これを説明変数として単回帰分析をおこなうと図表4-6のようになります。

こちらの回帰係数（傾き）は33636となっていますが、これは「女性ダミーが1増える

➡「ダミー変数が説明変数の場合の単回帰分析の回帰係数のp値を求めたもの」にほかならない。本シリーズでは初代から一貫して、「細々と一見別々っぽい手法を学ぶ」やり方ではなく、「一般化線形モデルという枠組みで見れば結局同じこと」という視点で統計学を学ぶことを推奨しており、初代『統計学が最強の学問である』の第5章あるいは『実践編』の第2章〜第3章にかけて詳しく説明している。

図表 4-6　ダミー変数（女性ダミー）を説明変数に用いた単回帰分析

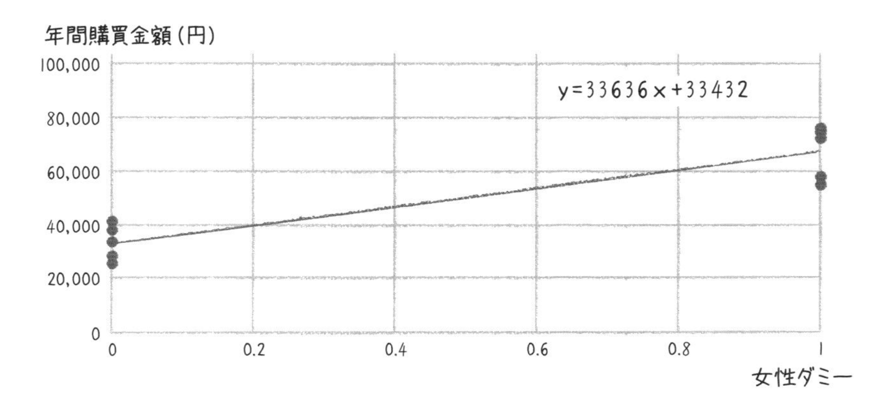

とアウトカム（購買金額）がいくつ多い傾向にあるのか」を意味しています。つまり「男性よりも女性は平均して33636円購買金額が多い」ということを示しています。

一方、切片である33432という値は「女性ダミーが0のときアウトカム（購買金額）は33432円」という話ですので「男性は平均すると33432円購買している」ということを表しています。

さらにこの統計モデルに対して「女性ダミーが1」という状況を当てはめて考えると、

購買金額＝33636×1＋33432

という計算から、女性の購買金額は平均すると67068円ほどだと考えることもできます。

ダミー変数を使った回帰分析とt検定の関係

多くの基礎統計学の教科書の中盤には、「グループ間の平均値の差が統計的に有意と判断されるかを見るためのｔ検定」と「2つの数値間の関係性を見る単回帰およびその回帰係数が統計的に有意なものかｐ値を求める方法」という2つの手法がさも別々のものかのように書かれちである（ｐ値については後の解説でも詳しく述べる）。しかしダミー変数という考え方を使うと、ｔ検定とはここで説明したような ➡

男女別の散布図

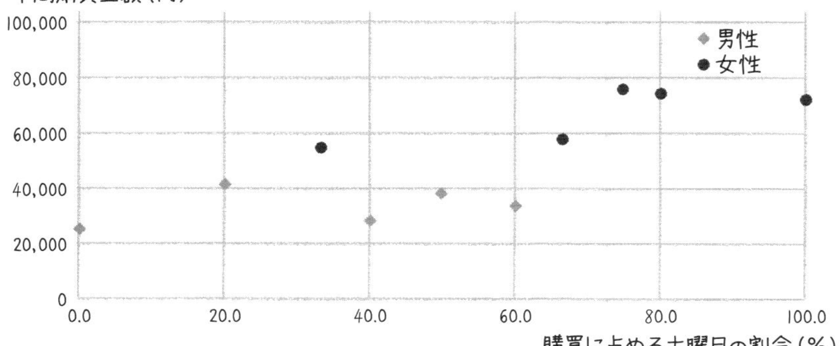

重回帰分析のパワフルさと注意点

このような2つの単回帰分析から「土曜日の来店割合が高い顧客のほうが購買金額が高い傾向にある」「女性のほうが購買金額が高い傾向にある」ということがわかりました。では「どちらの説明変数がより重要そうか」という点についてはどうでしょうか？　つまり「土曜日によく来店する人向けのキャンペーンを企画する」方向で頑張ったほうがいいのでしょうか？　それとも「女性向けのキャンペーンを企画する」ほうがよさそうなのでしょうか？

問題をややこしくしているのが今回分析に用いた10名のお客さんのデータにおいて、「女性のほうが全体的に土曜日の来店割合が高い」という偏りです。試しに先ほどの散布図において、男性と女性を区別した点で表してみましょう（図表4－7）。これを見ると「土曜日の割合が高いことが大事」なのか「性別の違いが大事」なの

図表 4-8　重回帰分析のイメージ

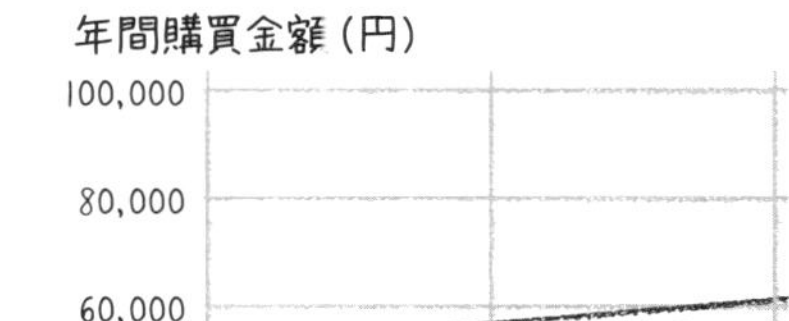

か少し判断に迷います。

こうしたときに便利な分析手法として**重回帰分析**と呼ばれるものがあります。単回帰分析は「説明変数が1増えるごとのアウトカムの変化量は一定」という直線的な関係性を想定したうえで、「単一の説明変数とアウトカムの関係性を統計モデルで表す」というものでした。これをさらに発展させて「単一の」ではなく「複数の説明変数とアウトカムの関係性を統計モデルで表す」というのが重回帰分析です。

複数の説明変数がある場合でもやはり「説明変数が1増えるごとのアウトカムの変化量は一定」と考えます。これを今回のデータで具体的にいうと「同じ性別であれば土曜日の割合が1（%）増えるごとの年間購買金額の違いは一定だとする」「同じ土曜日の割合であれば男女間の年間購買金額の違いは一定だとする」ということです。この想定のイメージを散布図上に表すと

重回帰分析
「回帰分析」「重回帰分析」については『実践編』第3章に詳しく記した。

すれば、図表4－8のようになります。

つまり、「同じ性別であれば土曜日の割合が1（％）増えるごとの年間購買金額の違いは一定だとする」というのはつまり、男性だろうが女性だろうが「土曜日の割合が1（％）増えるごとの年間購買金額の違い」という傾きは一定だということなので、散布図上には男女それぞれ同じ傾きの平行な直線が考えられることになります。

また平行ということはこれらの直線の距離は一定ということですが、「同じ土曜日の割合であれば男女間の年間購買金額の違いは一定だとする」ということの「男女間の差」は、x軸と垂直な矢印で示された、平行線の間のすきまの幅だということになります。これらの関係を数式で表すと次のようになります。

購買金額（円）＝26565＋土曜日の割合（％）×202＋女性ダミー×26162

この26565という部分は単回帰分析と同じく**切片**と呼ばれ、「統計モデルに含まれる全ての説明変数が0のときにアウトカムは平均的にいくつだと考えられるか」を示します。今回の結果でいえば、「土曜日にまったく来たことがない男性（女性ダミーが0）のお客さんは26565円買ってくれそう」ということになります。

また、切片以外の202とか26162といった部分はやはり**回帰係数**とも呼ばれますが、より正確に重回帰分析においては**偏回帰係数**と呼ばれます。それぞれ「同じ性別だとして土曜日の割合が1（%）増えるごとに購買金額は202円ずつたくさん買っている傾向にある」とか「同じ土曜日の割合なら女性は男性と比べて26162円たくさん買っている傾向にある」といったことを示しています。

では当初の問いに立ち戻りましょう。もしこうした分析結果が得られるとしたら、「土曜日の来店者向け」と「女性向け」のどちらのキャンペーンを企画することを優先したほうがよいでしょうか？

「土曜日の割合」は最小0%から最大100%までしかバラつきません。それぞれ「土曜日にはまったく来店しない人」と「土曜日ばかりに来店する人」というかなり極端なお客さんということになりますが、この両者の年間購買金額の違いは202という回帰係数の100倍すなわち20200円ということになります。一方で男女の購買金額の違いは回帰係数そのまま26162円あることになります。よって、回帰係数からインパクトの大きさを考える限り、「女性向けのキャンペーンを考えたほうがよさそう」という結論が示唆されるということです。

ちなみにですが、このような重回帰分析の「複数の説明変数を一気に使って統計モデルを作れる」点とダミー変数の考え方を組み合わせると、4次関数のように複雑な数式を使わなくても、前述の土曜日の割合が「20～30%は購買金額が特別に高くなる」とか「40～60%は特別に低めになる」といった、直線的ではない説明変数とアウトカムの関係を捉えた統計モデルを作ることができたりします。

「女性に該当する場合なら1でそれ以外は0になる」という女性ダミーと同じように、土曜日の割合が「20%以上40%未満なら1でそれ以外は0になる」とか「40%以上60%未満なら1でそれ以外は0になる」……「80%以上なら1でそれ以外は0になる」といった複数のダミー変数を作り、それらを用いた重回帰分析をおこなえばよいわけです。そうすれば「土曜日の割合が1(%)増えるごとにアウトカムはいくつ大きい傾向にあるか」という形ではなく、土曜日の割合が「20%以上40%未満に該当する場合にアウトカムはいくつ大きいか」「40%以上60%未満に該当する場合にアウトカムはいくつ大きいか」……といった情報を示す回帰係数が得られることでしょう。

マンガの中でも「年代が30代」「年代が40代」といった説明変数が出てきましたが、これも「年齢が1増えるごとに……」といった形式ではなく「30代ダミー」や「40代ダミー」についての話です。

少し話がそれましたが、前回の解説では「アウトカムに関係するかもしれない」という説明変数の候補をできるだけたくさん考えてデータを加工し、どの説明変数が「アウトカムとの関係が強そう」かをコンピュータに見つけさせましょうという考え方を紹介しました。それが可能になるのは単にコンピュータの性能が上がったというだけでなく、Rなどのツールを使うことで重回帰分析をはじめとして統計手法が誰でも簡単に実行できるようになったからです。学生時代に私が重回帰分析を手計算でおこなったときには、めちゃくちゃ大量の複

（77ページより）

雑な連立方程式を解いた覚えがありますが、もはや学生のお勉強以外でそんなことをする必要はありません。

重回帰分析によって複数の説明変数を一気に使った統計モデルを作ってみる、とか、統計モデルに含む説明変数の組合せを変えることでオーバーフィットの原因になるような（つまり統計モデルの精度に貢献しない）説明変数を自動的に削除する（自動変数選択）、といったことも、ほんの数行のプログラムで実行可能になったのだから良い時代になったものです。

以上が、貴子がマンガの中でいっていた「『R』のプログラム書くの得意なんで」「考えられる限りの全パターンの説明変数作ってどれが大事か自動変数選択かけた」という話の背後にあった考え方でした。逆にいえば、こうした考え方やスキルがなければ、貴子が勇司にやらせたように、エクセル上で横軸を変えて見える化する、という試行錯誤を重ねるしかないかもしれません。これだと分析作業自体がたいへんで、「本当に大事そうな説明変数は何なのか」を知るところまでは、なかなかたどり着けなかったことでしょう。

そんなわけで勇司と貴子はこのように重回帰分析によって得られた統計モデルによって、求めるアウトカム（購買金額）に対して、何の説明変数がどれくらい関係していそうなのかを発見することができました。

もちろん倉田課長も「**相関と因果は違う**」と指摘したように、「関係している」からといって、本当にその説明変数の条件を変えるためのアクションによってアウトカムが改善するかどうかは断言はできません。しかしだからといって、「慎重に議論」しただけで有望なアクションが何かを判断できるわけでもないのです。

相関と因果は違う

「相関ではなく因果を見つけることが大事」という話は初代『統計学が最強の学問である』第3章で詳しく説明したところだが、倉田課長のようにとりあえず中身はよくわかってないけど「相関と因果は違う」という決まり文句だけ覚えていっておけばデータ分析結果に対して「何かいってやった感」が出るのでそれで賢いふりをする、みたいな姿勢の社会人も最近しばしば見かけるのでマンガ内でいじることにした。

マンガ 統計学が最強の学問である

原作
西内啓
マンガ
うめ
(小沢高広・妹尾朝子)

第5話 だいたい同じに揃っちゃうんです

だからさ
そのランダムなんちゃらってなんだよ？

コイン100枚投げたら
表は何枚出ると思います？

そりゃだいたい
50枚ぐらいだろ

当たりです！
ジャスト50枚にはならないにせよ
だいたい50枚ぐらいですね
パンッ

じゃあ明日同じことやったら？
明後日だったら？

変わんねーよ
やっぱりだいたい50枚だろ

じゃあ男性が100枚投げたら？お年寄りが100枚投げたら？
だいたい50枚だ！もうその話いいから先に進め

そう！変わらないんです！
ということは
たとえば100人の人にそれぞれ1枚ずつコイン投げてもらったとして
表の人と裏の人に分かれたらどうなります？

ん…？
そりゃだいたい50人ずつに分かれるだけの話じゃねぇか

表のグループに男性が多いとか少ないとかあります？
だいたい同じくらいだろ
お年寄りはどっちが多いですか？
だいたい同じくらいだって

じゃあライジンビールの優良顧客はどっちが…
だからだいたい同…

……
…あ？

気づきました？
ランダムに分けちゃえば
この世のどんな条件でもだいたい同じに揃っちゃうんです
これってすごくないですか？

……たしかに

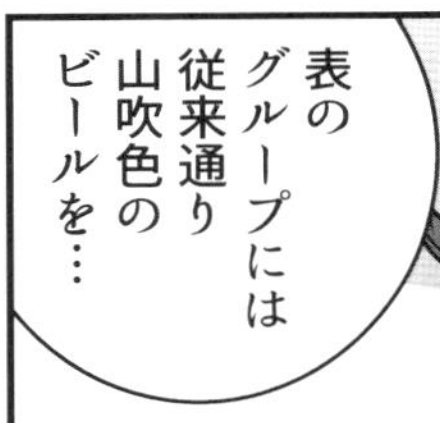
ここでひとつだけ違いを作ります
表のグループには従来通り山吹色のビールを…

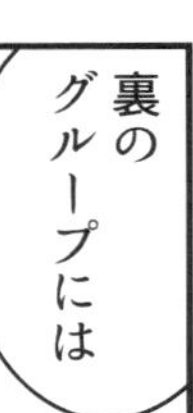
裏のグループには

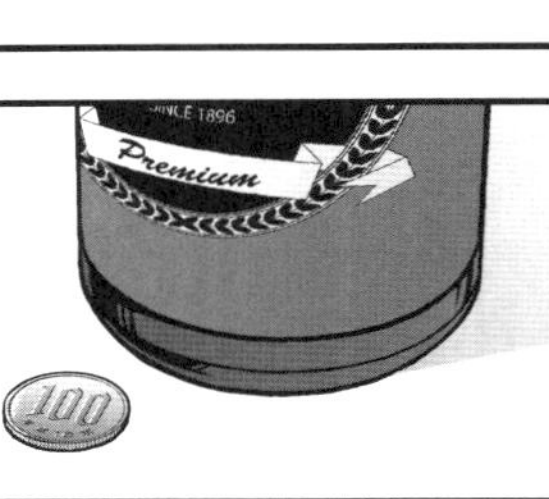

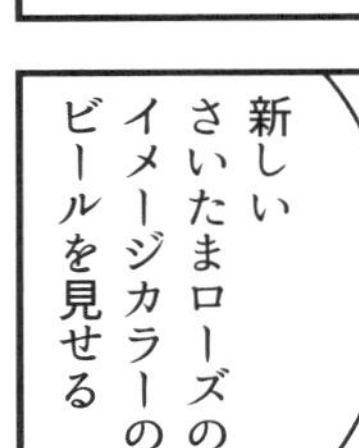
新しいさいたまローズのイメージカラーのビールを見せる

もし裏のグループが表のグループと比べて
異常にたくさんライジンビールを買ってくれたとしたら…？
RISING BEER
SINCE 1896
Premium
RISING BEER
SINCE 1896
Premium

そうか
それは
ラベルの
違いの
せいだ

そう！
ビールのラベルが
原因で売上がどう
変化したかっていう
因果関係が
示せるん
です

んじゃ
まずは
サイマートの
社長さんに
お願いして
はい
ランダムな
半分の店舗に
赤いビールを
置いてもらって
ください！

まかせろ！

サイマート
数字や
グラフ
そして
統計
いままで
興味も縁も
なかった
ものが
大山貴子と
いうひとりの
人間によって
自分の中で
大きく
変わった
サイマート
自分の強みが
活かせる日が
来ようとはは
ガラ
ガラ
ガラ
統計学
まさか
そんな
ものに

どうだ？
ライジンビール
ライジンビール
ライジンビール

週末は現地まで行って
大活躍だったそうじゃないか
因果関係は実証できたのか？

実は…

事前の予測を大きく裏切る結果が出てしまい…
今朝サイマートさまへ謝罪をしに…

キミィ！
大事な取引先にいったい何を!!
それが
先週末の1店舗あたりの販売金額が

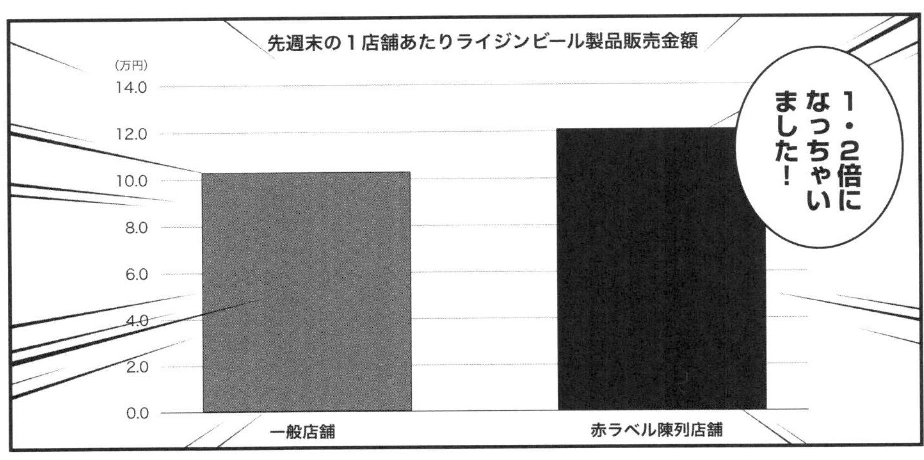
先週末の１店舗あたりライジンビール製品販売金額
（万円）
14.0
12.0
10.0
8.0
6.0
4.0
2.0
0.0
一般店舗
赤ラベル陳列店舗
１・２倍になっちゃいました！

な…!?

それは…たまたまの差では…
p値はバッチリ１％もありません！

因果じゃなくて相関では…
実験店舗は完全ランダムです
陳列したビールのラベル以外の条件はほぼ一緒です！
おお

いや～新人時代に遅刻して以来の怒られ方でしたよ
これだけ売上が増える施策を
なんで半分でしか実施しなかったのか！って

それで倉田課長
今後どのように対処しましょうか？
それとどこから漏れたのかサイマートさまと競合の武蔵堂さまからもお問い合わせを…
MUSASHIDO
武蔵堂
それは…当然取引先のことは第一に…
ですよね！
当然対処したまえ！
さらに言うとチームと色は変わってくるんですが
静岡のエスフードさまも…
…わかった！だが
相関と因果を間違えないように！
必ず今回のような実証実験を慎重に行うこと！

はい!
ありがとうございます!

かんぱーい!
カチーーン

やりましたね!
皆さんのさいたまローズ愛のお陰ですね!

このあと正式に展開してくならちゃんとスポンサーシップとか考えないとですね

サイマートさんも最終的には喜んでくれて
何よりだよ

そうだなそこも埼玉支社経由で何とかお願いしてみるよ

しかし
こんなに
うまくいく
とはな
俺のキャリアで
こんなに成功
した営業施策は
初めてだよ

言ったで
しょ〜？
統計学
マジ最強
だって

ちゃんと
データ分析
するとね
人が
見落としてた
大事なところが
見つかるんです

なんで
今まで
ブラブラ
してたの？
こんなすごい
スキル
身につけてる
のに
っていうか
そもそもなんで
統計学勉強
しようと
思ったの？
え〜
聞いちゃい
ます？
私に興味
出てきま
した？
いや
そういう
わけじゃ…
実は私は
ですね〜
いや聞いて
ないって！

―数年前
お母さん！
受かった！
帝都大学の経済学部！
合格したよ！
ほんと!?
やったじゃない！
国公立しか受けさせてやれなくて心配したけど
よく頑張ったねタカコ
しょうがないよ
うちビンボーだし
おい！
お茶
でももう大丈夫
経済学部ってさ
なんとなくお金持ちになれそうじゃない？
その頃です
私が衝撃的な授業に出会ったのは
衝撃的？
「開発経済学」

このようにデータを取り統計解析をして
実証実験を繰り返すことで
この世から実際に貧困をなくしていくことができるんです
教授の授業感動しました！
なんでもしますから研究を手伝わせてください！
卒論いいね
テーマに普遍性がありかつタイムリーだ
ありがとうございます！
研究室には残るつもりなんだろ？
これからもぜひ力を貸してほしい
……でもそんなとき1人の先輩が
教授お話が
大山さんが集めた卒論用のデータなんですが…
データ改竄!?
大山くんが？
そんなまさか…

データを改竄!? 私が!?
なにを言うんですか先輩!
私にとって大切な学問やデータ そして恩師を裏切るようなこと!
じゃあこの痕跡はなんだ!
なぜ…?
こんなものが
もしかして先輩が…?
『教授の右腕というポスト』を狙って…?
私が邪魔だった…?
いや
そんな風に疑っちゃ先輩に失礼だ…
それから大学に行ってません
取った単位の数も知らないし
今頃は退学か除籍になってるはずです
ちょうどその頃母が再婚したこともあって
ひとりデータをいじりながらフラフラと暮らして今に至ります
……

ヨロッ
おい
大丈夫かよ？

すいません…
タカコうれしかったんですよ
は？
勉強いっぱいしても～
世の中で使ってもらわないと意味ないじゃないですか？
そういうものか？
最近久しぶりに
統計学の勉強が楽しくなってきたんですよ
こんな風に役に立てるなら…って

そっか…
その日はたぶん

俺たちが最初に統計学で大きな成功を認められた日だった
そしてそれが俺たちの人生を大きく変えることに

俺たちはまだ気づいていなかった——

05

ランダム化比較実験と仮説検定

「ような」を挟んで考えてみる

第5話で勇司と貴子は**ランダム化比較実験**によって、「ビールのラベルの色を変える」キャンペーンが大きな売上アップの効果を持つことを示しました。これは「相関と因果は違う」という倉田の指摘を乗り越えて「ラベルが『原因』で売上という『結果』に変化を与えた」といった因果関係を示すことができたということです。

ちなみに、あまり統計学に詳しくない人もどこかで聞きかじったのかしばしば使う「相関と因果は違う」という表現は、どういうことを意味するのでしょうか？　たとえば倉田課長は「土曜日に来る割合が高い人がよくビールを買っている（相関）」ことと「土曜日に来てもらったらもっとビールを買ってもらえる（因果）」は違うといっていましたが、このことについてもう少し詳しく考えてみましょう。

「土曜日に来てもらったらもっとビールを買ってもらえる」という因果関係をより正確にいえば、「他の条件がまったく同じまま今まで平日にサイマートへ来店していた人を、来店する

ランダム化比較実験
ランダム化比較実験という方法論の発明は、科学哲学を揺り動かし、科学で扱える対象の領域を爆発的に拡大させた。『統計学が最強の学問である』の第４章では、その偉業を成し遂げたロナルド・フィッシャーのエピソードを詳しく紹介している。

曜日を変えて土曜日に来てもらうように変えたらそれだけでビールの売上が上がる」ということになります。しかし、「他の条件がまったく同じで来店する曜日だけが違う人」というのは厳密に考えるとこの世にはいません。教育学の分野では「遺伝子と家庭環境は同じ状態」である双子を対象にした研究をしたりしますが、ビジネスのためのデータ分析でそんな大がかりなことをするわけにもいきません。貴子の分析結果では性別、年代、購買に占める商品の割合といった変数については重回帰分析に含まれ、「これらの条件が同じだったとした場合に土曜日の割合が変わったら〜」という関係を見ていますが、それ以外の条件がどうなのか、という点について何かを保証するような分析結果ではありません。

「相関と因果の違い」に気をつけることとは別の言葉で言い換えるなら、直接的に相関しあっている一方の変数が原因で、もう一方が結果になっているか、それとも分析結果に示されてない第三の変数が本当の原因なのかを考えましょうということです。たとえば昔からよく使われる例を挙げると、ある国の成人を調査したところ「飲酒量が多い人ほど肺がんになりやすい」という相関がデータから見つかったとして、飲酒を控えるよう呼びかけても肺がんの発症率は下がりません。これは飲酒が原因で肺がんが結果という因果関係が存在しているわけではなく「喫煙」という分析結果には示されていない第三の変数のことを考えるべき状況です。「喫煙」という変数が調査されていないがために分析結果には示されない、「この国の飲酒機会では同時に喫煙することが多い」という相関と、「喫煙すると肺がんになりやすい」という因果関係が本当は重要なのに、「喫煙」という変数が調査されていなければ「飲酒量が多い人ほど肺がんになりやすい」という相関しか見つからないわけです。

ちなみに私はこの「相関と因果の違い」に注意し、分析結果には示されていない「第三の変数」を考えるため、データ分析結果を解釈するとき、よく**「ような」という言葉を挟んで考えてみよう**というお話をします。貴子のデータ分析結果から「他の条件がまったく同じま、ただ土曜日に来る割合が高いだけで人はビールをよく買う」かどうかはよくわかりませんが、「おそらく何かしら他の条件に偏りがある、土曜日に来る割合が高いような人はビールをよく買う」ということは間違いありません。

では土曜日によくスーパーに来るような人とはどんな人でしょうか？　平日忙しい人なのかもしれません。土曜日に遠くへお出かけするよりは家でゆっくり過ごしたいタイプの人なのかもしれません。あるいは毎日こまめにお買い物するよりも、週末まとめて食材や雑貨を買いたい性格の人なのかもしれません。

もしかすると直接的に「他の曜日に来ていたお客さんを積極的に土曜日に来させるような施策」が機能するのかもしれませんし、こうしたさまざまな「他の条件」を通して「土曜日に来店するような」ライフスタイルや価値観の人に刺さるような施策こそが有効なのかもしれません。残念ながらこれらの施策のどちらが有効かを過去のＰＯＳデータだけで明らかにすることはできません。ですが、過去の経験なども踏まえたうえでとるべきアクションを考えることはできます。

勇司が自分の経験と、現地での観察やインタビュー結果をもとに立てた仮説はまさにそうしたものになります。「土曜日によく来る」「惣菜・おもちゃ・精肉をよく買う」**ような**人の典型例として、さいたま地域に住む「ファミリー層のサッカーファン」という仮説を立てました。「変えるか狙うか」という貴子の考え方に基づくと、まだそうでない人を今から「ファミリー層のサッカーファン」に変えるのは難しいですが、「ファミリー層のサッカーファン」を狙うようなアクションを考えることはできるでしょう。

このように既存のデータから仮説を発見していくようなデータ分析を**「探索的データ分析」**と呼びます。そして、ここから出てきた仮説が本当に正しいかを確認するためには、データの取り方を工夫して**「検証的データ分析」**をおこなわなければいけません。この検証的データ分析のためのデータの取り方のうち、最もパワフルなものがランダム化比較実験というわけです。

「ランダム化比較実験」で因果関係の有無がわかるわけ

ではランダム化比較実験はなぜ、因果関係に関する仮説検証になるのでしょうか？　たとえば第5話では「赤いラベルのビールをお店に並べると（原因）、ビールの売上が増える（結果）」という因果関係の実証がおこなわれましたが、ここには「赤いラベルのビールを並べられる**ような**お店」という偏りはありません。貴子がしつこくいっていたように、ランダム化によって、「従来通りのラベルが並ぶ店舗グループと、赤いラベルが並ぶ店舗グループ」

➥ Google Scholarによれば23,092回も引用されている。逆にこうした考え方が「検証的データ分析」と呼ばれるようになったのは、主に統計学者ジョン・テューキーにより「探索的データ分析（Exploratory data analysis）」という考え方が提唱されたためであり、こちらも同じくその著書をGoogle Scholarで調べると29,052回も引用されている。テューキーは得られたデータをグラフなどで可視化し、新たな仮説を見つける探索的データ分析と仮説を検証する検証的データ分析は別物という見方を強調した。

図表 5-1　「駅前店舗のうち何店舗で赤いラベルのビールが並べられるか」という確率

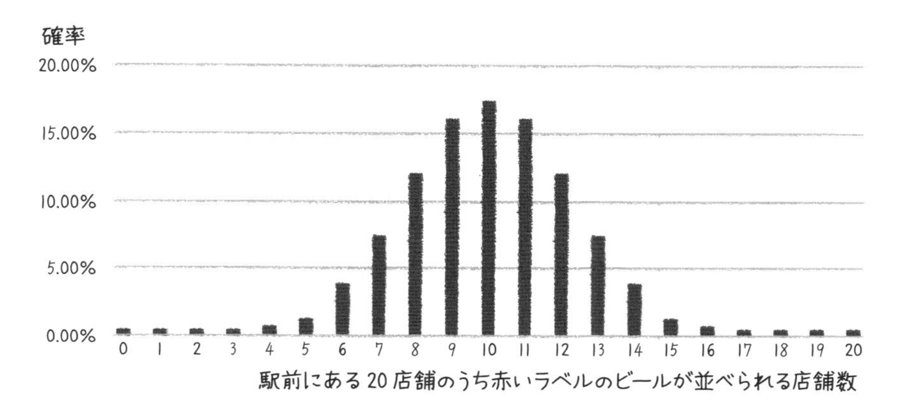

「どちら側のお店に女性がよく来るか」「どちらのお店の交通の便がいいか」といった条件がまったく一緒とはいえないまでも「まあまあ一緒」に揃うわけです。

なので、「赤いラベルのビールを**並べられるようなお店**」とは純粋に、「赤いラベルのビールを**並べられた**お店」と考えてよくなります。

なお、どれぐらいの「まあまあ」具合なのかについても、念のため確認しておきましょう。たとえば埼玉地域で食品スーパーを展開するサイマートの店舗数が50店舗あったとします。また、そのうち20店舗は駅前にあり、残り30店舗は国道沿いに出店していたのだとしましょう。これら50店舗をランダムに半々に分けたとして、駅前店舗は「既存ラベル」と「赤いラベル」それぞれのグループでいくつずつになるのでしょうか？

結論だけを先に示すと、図表5－1が「駅前

探索的データ分析と検証的データ分析

歴史的に見ると検証的データ分析のほうが先に広まり、いわゆる「科学とは実験と観察から成る」という考え方をデータと確率によって拡張したのが統計学者ロナルド・フィッシャー（1890-1962）の大きな功績である。フィッシャーによる『研究者のための統計的方法』という名著はランダム化を含む実験データの集め方から統計的仮説検定の仕方に至るまでを体系立てたものであり、2025年3月現在、➡

店20店舗のうち何店舗に赤いラベルが並べられることになるのか」という確率をまとめたものになります。

駅前店1が既存ラベルになるか赤いラベルになるか、駅前店2が既存ラベルになるか赤いラベルになるか……と場合分けを考えていくと、その分け方は2の20乗で約100万パターン（正確にいうと104万8576パターン）もあります。一方、「駅前にある20店舗全部が既存ラベル」とか、逆に「駅前にある20店舗全部が赤いラベル」といった極端なケースはそのうち1パターンしかないので、それぞれおよそ約100万分の1の確率でしか生じません。さらに、「20店舗のうちいずれか1店舗だけが赤いラベルになる」といった状況も、20パターンしかありませんので約100万分の20という低確率になります。

2店舗だと少し計算がややこしくなりますが、高校で習う「20個のものから2個を選ぶ」といった組合せの計算をすれば、20×19÷2÷1＝190なので、やはり約100万分の190（つまり約0・02％）とものすごく小さな確率でしか生じません。このように計算を続けた結果、「駅前店20店舗のうち何店舗に赤いラベルが並べられることになるのか」という確率をまとめたものが図表5－1というわけです。

つまり、ちょうど20店舗のうち半分である「10店舗」で赤いラベルのビールが並べられる確率が最も高く、約18％の確率でそうなるだろう、と求められました。次に多いのは「9店舗」あるいは「11店舗」というケースで、それぞれ約16％の確率だと考えられます。さらに「8店舗」または「12店舗」の確率も12％ほどありますので、これらを合計すると、約74％の確率で「8～12店舗のどこかになりそう」ということになります。

単純にランダムに半々に分けるだけで、「既存ラベル」の店舗と「赤いラベル」の店舗がおよそ「4対6から6対4ぐらいに割れそう」ということであれば、これは「まあまあ均等」といってもよいのではないでしょうか。

逆に、「20ある駅前店舗のうち5店舗以内しか赤いラベルのビールが置かれていない」とか「20ある駅前店舗のうち15店舗以上で赤いラベルのビールが置かれた」という事実が判明したら、本当に完全ランダムなのかどうかを疑うことをおすすめします。このような確率はそれぞれ約2％しかありません。「完全ランダムなんですが50回に1回しか起こらないようなデータの偏りがたまたま起こってしまいました」という言い訳を信じるよりは、何か背景に「完全ランダム」ではなくなるような原因を疑うほうが合理的です。

同じ理由で、もし「完全にランダムに分けたはずなのに、なぜかそうそう起こらないようなレベルで一方のグループのアウトカムの値が明らかに他方より高かった」といわれたらどうでしょうか？

当然「ランダムさではない何かの理由でその違いが生じたのではないか」と疑うほうが合理的ですが、最初に述べたようにランダム化比較実験は一点だけ完全ランダムではないところがあります。それが今回の例でいえば「赤いラベルのビールを並べられたお店かどうか」という話であり、「ランダムさではない何かの理由でその違いが生じた」とすれば、「赤いラベルのビールを並べられたかどうか」という原因によって、販売金額というアウトカムに差が生じたのではないか、という因果関係を示す結果だということになるでしょう。これがランダム化比較実験によって因果関係を検証する、という考え方の背後にあるロジックです。

ちなみにですが、第４話で報告されたデータ分析結果に載っている「ｐ値」や「95％信頼区間」も、このような「ランダムさで生じうるような偏りといえる水準のものかどうか」という考え方で算出されたものになります。次はその説明をしてみましょう。

「p値」と「統計的仮説検定」

仮に「説明変数とアウトカムが本来まったく無関係」ということであれば、説明変数の値がいくつであれアウトカムの値は平均的にはまったく変わらない、という状態になるため、回帰分析をおこなった結果得られる回帰係数は基本的にゼロということになります。

ただし、本来まったく無関係であっても「回帰係数がゼロ」という結果が得られると保証できるのは無制限にたくさんデータを集めて分析をおこなった場合だけです。データにバラつきが存在する以上、現実の限られたデータから得られる回帰係数についてもバラつきは想定されます。たとえば「回帰係数がゼロになるはずの１億件のデータ」からランダムに１０

（76ページより）

００件ほどを抜き出して同じように回帰分析をおこなったとして、毎回回帰係数がちょうどゼロ、ということはなく、時に多少のプラスの値だったりあるいはマイナスの値だったりします。

ではここで、現実のデータ分析の結果得られた回帰係数が仮にプラスの値だったとして、それは「バラつきは想定されるものの何かしらプラスの係数であると考えてアクションに活かすべきもの」なのでしょうか？

それとも「本来無関係だがたまたまプラスの値として算出されただけのもの」なのでしょうか？

第3話〜第4話の中での具体例でいえば、「購買に占める土曜日の割合」に対応する回帰係数はプラスの値を示していました。これは「土曜日によく買い物をしている人を優良顧客として注意すべき」と考えてよいのか、それとも「無制限にデータが取れるとするなら、土曜日に買い物をしている割合と購買金額が無関係だとわかるはずだが、今回の限られたデータではたまたまプラスの値を示しているだけ」といった程度の話なのでしょうか？

その判断基準となるのが分析結果の中にある**p値**という指標になります。なお、この言葉は確率（probability）の頭文字に由来しています。詳しい計算方法は本書では扱いませんが、「説明変数とアウトカムは本来無関係」すなわち「仮に無制限にデータが取れるとするなら回帰係数はゼロになるものとする」という仮定のもとで、データに存在するバラつきと、分析に用いるデータの件数から「得られた回帰係数はどの程度の確率でたまたま得られるような水準のものか」と計算した結果がこのp値です。

少し難しく思えたかもしれませんが、要は**「実際には何の差もないのに誤差や偶然によってたまたまデータのような差（正確にはそれ以上に極端な差を含む）が生じる確率」**のことを、統計学の専門用語でp値と呼ぶわけです。

このp値があまりに小さい場合、「本来は無関係」という仮定にムリがあると考えられ、それを仮説の**棄却**と呼びます。

なお慣例的には、「p値が5％より小さければ『本来は無関係』という仮説を棄却します」というのが学術論文などでもしばしば用いられる基準になります。たとえば今回の例でいえば、p値が5％より小さい場合「バラつきは想定されるものの何かしらプラスの回帰係数とは考えてよさそう」、つまり「土曜日によく買い物をしている人を優良顧客として注意すべき」と考えてよさそうだということになるでしょう。

---

p値

『統計学が最強の学問である』第３章、『実践編』第２章でも詳細に解説している。

説明変数	回帰係数	９５%信頼区間	p値
性別が女性	70409	48472 ~ 92346	<0.001
年代が30代	12506	5342 ~ 19570	0.001
年代が40代	17046	8675 ~ 25517	<0.001
購買に占める土曜日の割合（1%あたり）	1671	391 ~ 2951	0.011
購買に占める惣菜の割合（1%あたり）	1344	446 ~ 2242	0.003
購買に占めるオモチャの割合（1%あたり）	692	226 ~ 1158	0.004
購買に占める菓子類の割合（1%あたり）	311	-97 ~ 719	0.135
購買に占める精肉の割合（1%あたり）	165	32 ~ 298	0.015

（99ページより）

このように結果のバラつきを考慮しつつ、**p値に基づき「説明変数とアウトカムの間に何かしらの関係があるといえそうか」と検討する**やり方は**統計的仮説検定**と呼ばれます。

「95%信頼区間」とは

しかしながら、「バラつきは想定されるものの、何かしらプラスである回帰係数」といわれてもビジネス上の判断は下しにくいかもしれません。たとえば「土曜日によく買い物をしている人は、まったく土曜日に来ない人と較べて年間１００万円ぐらい多くライジンビールを買っている」という話でも、「土曜日によく買い物をしている人はまったく土曜日に来ない人と較べて年間たった1円だけ多くライジンビールを買っている」という話でも「何かしらプラスの回帰係数」であることに変わりはありません。ですが、わざわざそうした説

95%信頼区間

95%信頼区間については『統計学が最強の学問である』の第５章でも触れたほか、『実践編』第２章で詳細に解説している。

明変数に着目して施策を検討すべきかどうか、といわれれば話は大きく変わってきます。
そうすると回帰係数が「バラつきは想定されるものの、何かしらプラスの値」かどうかだけではなく、「バラつきを想定したうえで、具体的にいくつからいくつまでの値になりうるのか」を知りたくなるはずです。そうした要請に応えるのが**95％信頼区間**という考え方です。

95％信頼区間を求める考え方は基本的に先ほどの統計的仮説検定と変わりありませんが、唯一の違いは**「本来は無関係（無制限にデータを集めれば回帰係数はゼロ）」以外の仮説についても想定して検証する**という点にあります。つまり「無制限にデータを集めれば回帰係数は1」「無制限にデータを集めれば回帰係数は2」「無制限にデータを集めれば回帰係数は3」……といったようにさまざまな「無制限にデータを集めればいくつの回帰係数になるか」という仮説を想定した場合に、「得られた回帰係数はどの程度の確率でたまたま得られるような水準のものか」とp値を求めるイメージです。

たとえば、第4話で報告された「購買に占める土曜日の割合」という説明変数に対応する回帰係数は1671（円）という値でした。「無制限にデータを集めれば得られるはずの回帰係数」として、あまりにこれより小さすぎる値を想定しても、あまりに大きすぎる値を想定しても、「その想定のもとでこれほどの回帰係数が得られる確率」であるp値は（5％より）小さくなり、「さすがにその想定にムリがある」として棄却されることになります。

「統計的仮説検定」と「95％信頼区間」はどのように使われたか？

先ほど「慣例的にp値が５％より小さいとその前提（仮説）は棄却される」と述べましたが、より正確にいうと慣例的におこなわれる仮説検定は**両側検定**といって、「実際に得られた回帰係数に対してあまりに小さすぎてp値が２・５％未満になる前提（仮説）」と「実際に得られた回帰係数に対してあまりに大きすぎてp値が２・５％未満になる前提（仮説）」の両側を合わせた５％分の確率を棄却するようにします。

その結果「無制限にデータを集めれば回帰係数はゼロ」という仮説が棄却されるかどうか、という判断をおこなうのが前述の統計的仮説検定でしたが、逆に両側２・５％ずつで棄却できない仮説の範囲はどこからどこまでか、というのが95％信頼区間というものになります。

たとえばマンガの中で示された「購買に占める土曜日の割合」という説明変数に対応する回帰係数の95％信頼区間は「３９１～２９５１」というものでしたが、これは要するに「回帰係数が３９０以下という仮説はp値が２・５％未満となって棄却される」「逆に２９５２以上という仮説も棄却される」「よって限られたデータから得られた回帰係数にバラつきがあることを想定すると無制限にデータを集めた場合に得られる回帰係数は３９１～２９５１の間のどこかの値になりそうだと推測される」ということを示しています。

このような統計的仮説検定や95％信頼区間の考え方に基づき、ランダム化比較実験の結果も読み解くことができます。

両側検定
通常は両側検定が用いられるが、大きいか小さいか一方のみの５％を棄却するようなやり方も存在し、それを「片側検定」と呼ぶ。

ランダム化比較実験をおこなった結果、従来のラベルのビールを並べられた店舗と、赤いラベルのビールを並べられた店舗の間で、平均購買金額の差に関するp値がごく小さい（慣例的には5％未満）というのであれば、「それぞれのお店に並べられたビールのラベル（原因）とライジンビールの売上（アウトカム）に本来まったく差がない」という仮説はさすがにムリがあると棄却されるでしょう。

さらに、店ごとの平均的な売上の差の95％信頼区間を見れば、「毎回同じような差が得られるわけではなく、バラツキはあるにせよ今後無制限に同じような状況で同じような取り組みを続けた場合に売上にどの程度の効果が見込めるのか」を判断することができます。どちらのラベルのビールを並べるか、という条件以外「まあまあ同じ」店舗グループ同士でそうした差が生じたのであれば、「ビールのラベル」が原因で「購買金額」という結果が変化した、という因果関係をひとまず確認できたといってよいでしょう。

このように、**既存データから探索的分析をおこない、その結果を解釈してアクションを考え、その効果をランダム化比較実験で検証する、というのは現代のデータサイエンスにおける基本的な流れ**となっています。

会社の中でこのサイクルをひとまず一周成功させた勇司と貴子ですが、これからさらにどのようなデータ分析に取り組んでいくのでしょうか？

マンガ 統計学が最強の学問である

原作
西内啓
マンガ
うめ
(小沢高広・妹尾朝子)

第6話 俺がやるべき仕事だ

いやー
あはは
それほど
でもー
黙れ
ボソッ

ひとえに
取引先の
皆さまから
ご協力
頂けている
お陰だと
思います
キリッ

うん
よい
心がけだ

あのー
先輩
この
オジサン
は？
長岡専務
うちの
ナンバー3
超偉い人
とにかく
お前は
黙ってろ

実は社長
肝いりの
ビッグデータ
プロジェクトが
焦げ付いている
何とか速く
成果を出し
たい
そこで
君たちの
出番と
いうわけだ

できれば来期の組織改編で分析専門の部署を作って
君に率いてもらいたいと考えている
本当ですか!?
君さえよければ他の部門からも直接相談が行くようにする
樹下課長
樹下課長
樹下課長
よろしく頼むよ…
樹下〝課長〟
はい!
ありがとうございます!
……

どうも
人事部の
近藤です
ライジンビール
社内人事部フロア会議室

我が社も
働き方改革に
取り組む
ことになり…
そのために
ビッグデータ
活用を進める
ことになり
まして

へー！
どんな
データ
集めたん
ですか？

我々も
かなり
手探り
で…
たとえば
こちら…
ピッ

社員に脳波
センサーを
つけて働いて
もらいました
この
脳波データから
仕事のストレスを
可視化しようと
したんですが…
わ～
超SF～
ストレス…

……

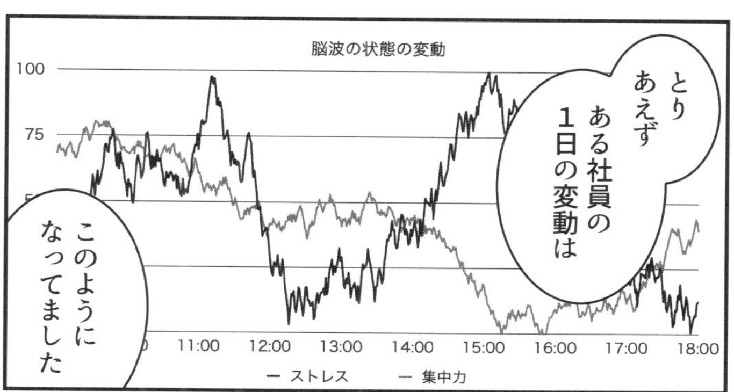
とりあえず
ある社員の1日の変動は
このようになってました
脳波の状態の変動
100
75
11:00
12:00
13:00
14:00
15:00
16:00
17:00
18:00
ストレス
集中力

ちなみにここからどのようなことがわかったのでしょうか？

はい！
ストレスは昼休み中に大きく低下することが
見てとれました！

それと
集中力は出社直後が最も高く
夕方頃には最低レベルになることがわかりました！

ふ…
ふつう！

それ以外にも
様々なストレスチェックのアンケートを実施しています
例えば…

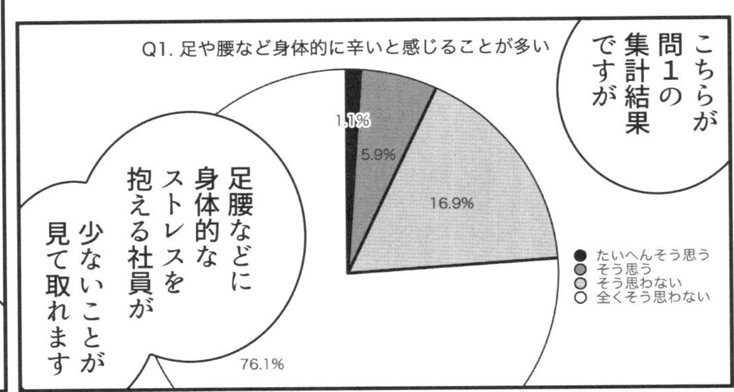

こちらが問1の集計結果ですが
Q1. 足や腰など身体的に辛いと感じることが多い
1.1%
5.9%
16.9%
76.1%
たいへんそう思う
そう思う
そう思わない
全くそう思わない
足腰などに身体的なストレスを抱える社員が少ないことが見て取れます

……

あの〜…なんで
最初の質問が足腰の辛さに？

いや〜…うちの部長が腰痛持ちでね
ストレスって言ったら腰痛だろって

はぁ…

君たちデータに詳しいんでしょ？
何かこうちょいちょいっとデータいじって
社員のストレス下げてバリバリ働いてもらう方法見つけてもらえませんかね？
・・・・

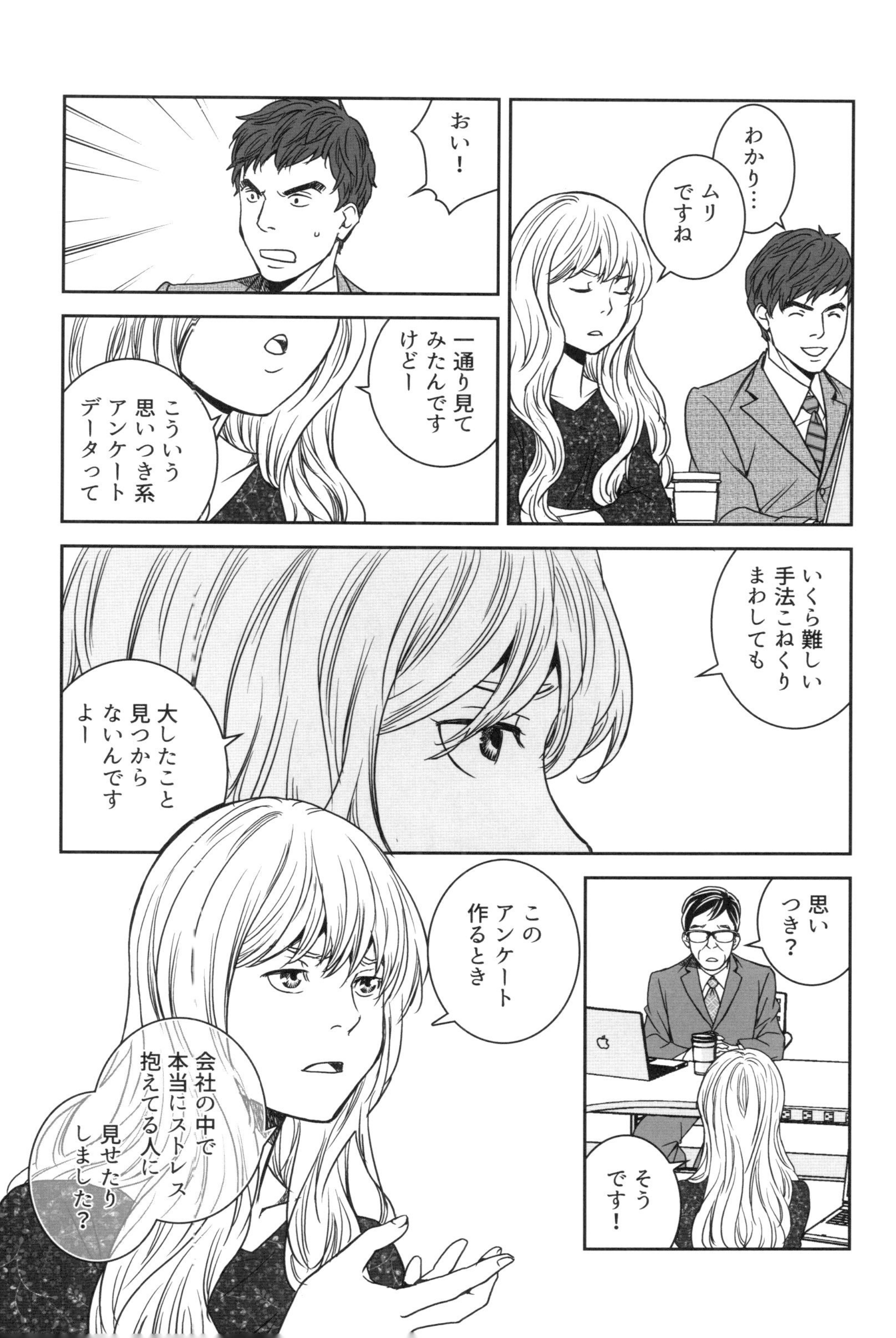
わかり…
ムリですね
おい！
一通り見てみたんですけどー
こういう思いつき系アンケートデータって
いくら難しい手法こねくりまわしても
大したこと見つからないんですよー
思いつき？
そうです！
このアンケート作るとき
会社の中で本当にストレス抱えてる人に見せたりしました？

そんなことは…
してないですね…

だから100項目もあるのに
お仕事のストレス把握するうえで
聞かないといけない質問が色々抜け落ちてるんですよ

ですよね

会社の中で本当にストレス感じてる人の姿が
私はこのデータから全くイメージできません

しかし…
ではどうすれば？
十人ずつくらいはちゃんとお話聞いて
出てくる言葉を丁寧に拾って
アンケートの前にまずインタビューですね
ストレス抱えている人と抱えず元気な人
調査項目作り直す方が早いと思います

ガタッ
でも君…そんな時間どこに…
ビクッ
その作業は
私の方にお任せ下さい！

すごい気迫でしたね

っていうか
てっきり私が怒られるのかと…

……
昔の同期がさ

やられたんだよ
そのストレスってやつに

…え？

新人研修の時から妙にウマの合うやつだった

生まれも出身大学も関係ない
仕事も仕事のあとも俺たちはずっと一緒だった
俺には行動力があり
そいつは教養に溢れてた
なかなかいいコンビだったと思う
俺たちでトップをとるぞ
10年後この会社を支えてるのは俺たちだ
ああ
そう2人で誓いあい
何度も大きな商談をまとめあげた
だが──
うちの会社が無計画な海外進出に失敗し
大きく経営が傾いた
歯車が狂い始めたのはその頃だ

ライジンビール合併
米アナハイムグループの一員に
ANAHEIM
ライジンビール
これからは徹底して個人の数字を大事にしていく！
君たちも甘えは捨てて
競争に励みなさい！

おい…
こんな時間まで大丈夫かよ？
お前こそ
俺…
今期の数字取れてないから
大幅に見直すプランを立てないといけなくてさ
俺は営業帰りだ
……
手伝えることあるか？
やめとけ
こないだそれで叱られただろ
だけどさ…
俺
今期成果が出せなかったら
ここ辞めようかと思うんだ

え？
お前と違って
根性とかないみたいでさ
数字数字ってツメられるのに疲れた
そ…
そんなこと言うなよ
一緒に頑張ろうぜ！
やめろ！
バシッ
気軽に言うな！
俺とお前は違うっていったろ！
そして結局
そいつはその年の末に

会社を去ることになる
…なぁ勇司
偉くなってくれよ
お前みたいなやつが上にいって俺みたいな弱いやつを救ってやってくれ
え？

お前は弱くなんかねえよ
……
じゃあな

約束する
マジだ
必ず偉くなって
お前とまた組んで仕事をする！
……

それっきりだよ
アイツに連絡しても返事はない

すみません…
なんか……

いやいいんだ
俺も忘れてた昔話さ

私先行研究調べまくって
インタビューのポイントまとめます

俺は
いろんな部署や職種の『疲れた人』と『元気な人』の候補を探す

やるか！
ガタッ
はい！

そうだ
カタ
カタ
カタ
カタ
カタ
この仕事は絶対に
俺がやるべき仕事だ

06

「質的調査」と「量的調査」

データの取り方は、統計学の使い方以前の大きな問題

長年データ分析に関わる仕事をしていると、たまに「高いお金をかけてデータを集めたが、まったくマーケティングや製品開発の役に立たなかった。だからそんなことはムダだ」という話をわざわざ語ってくる人に出会うことがあります。こうした人たちのよくある論拠の例を挙げると、自動車が普及していない時代（すなわち多くの人が馬車で移動していた時代）に「自動車がほしいですか?」と聞いてもムダだとか、iPhoneの登場前に「スマートフォンがほしいですか?」といったアンケートをとっても誰もYesとは答えないのだから、**本当のイノベーションは調査データからは生まれない**のだ、というわけです。

個人的な感想として「そうかもしれない」とは思います。しかし、その感想をもう少し具体的に言語化すると、特に人間を対象にした調査において「そもそもデータの取り方がヘタクソだと、いくらヘタクソデータの分析を頑張っても大したことわからないでしょう」となります。データの取り方は、統計学の使い方以前の大きなボトル

本当のイノベーションは調査データからは生まれない

「自動車が普及していない時代にいくら調査しても、人々は速くて疲れない馬がほしいとしか答えないだろう」というヘンリー・フォードの名言はマーケティングリサーチ批判の文脈でよく使われるが、まさにフォードは初期の自動車という『速くて疲れない馬みたいなもの』を大ヒットさせたわけで、厳密かつ具体的に、顧客が答えた通りの商品を売らないといけないということはまったくない。質的調査と量的調査を通して顧客の抽象的なニーズの詳細とボリュームを明らかにすることと、そこを満たすために発想をうまくジャンプさせることはまったく別の話であり、ニーズを明らかにして損することはないだろうというのが私の考えだ。

ネックになり得るのです。

例として、私の過去の経験をもとにした状況を紹介します。ある家電メーカーでは、若い独身女性をターゲットとした白物家電を企画していました。企画に携わる人々はみな、自社や競合他社の技術動向に詳しいベテランの、仕事に熱心で優秀なおじさま方です。彼らは吸引力や洗浄力がどうとか、フィルターのメンテナンス性だとか、さまざまな角度から製品の性能を考え、その満足度に関するデータを集め、そうしたデータの分析結果をもとに自信を持って製品を市場へ送り出します。ところが、その製品がまったく売れなかった――という ことは世の中においてしばしば起こっているわけです。こうした悲劇に対して、どのような対策を取るべきなのでしょうか?

もし私がこのような相談を受けたとしたら、最初にやることはたった2つだけです。1つめは、相手が想定していたターゲットに一番近そうな知人(できれば複数名)に連絡をすること。そして2つめは、公式サイトなりECサイトなりの商品ページのURLを貼って「これ、どうしたらもっと買いたくなると思う?」と聞いてみることです。

ちなみに、実際に同じような状況で上記のようなコンタクトを試み、知人から頂いたフィードバックとしては、性能や満足度はまったく関係なく「色使いがありえない」「これがあるだけで自分の家のインテリアの調和が崩れる」というものがほとんどでした。しかしながら、製品の色使いやインテリアとの調和といった項目はもともとのメーカーさんが調査したデータの中に含まれていません。自社や競合の技術には詳しい一方、ターゲットとする顧客層とあまりコミュニケーションをとっていない人たちが、思いつきでアンケート項目を作っても、そもそも取るべきデータ、あるいは言い換えるなら分析したときに興味深い結果となり得るデータを取っていなかったというわけです。

そんなデータをいくら分析しても結局何もわからない、というのは「そりゃそうだ」という話であり、データを取ることがムダだとか分析することがムダだという論拠にはなりません。

データを正しく取るには「質的調査」も使いこなす

ではなぜこのようなギャップが生まれるのでしょうか？　私は多くの大人が、人間を対象にした科学の両輪である**「質的調査」**と**「量的調査」**の両方を使いこなすことができていないからではないか、と考えています。データというのは「量（数値）」を把握した結果であり、取られたデータを統計的に分析するという行為は「量的調査」にあたります。一方で、そもそもどんなデータを取るべきか、という点については人間のあり方や、人間が物をどう捉えているかという「性質」に着目した「質的調査」側からアプローチしたほうがよいでしょう。

こうした質的調査がなぜ必要かというと、自分とは異質な人間を理解するためです。質的

「質的調査」と「量的調査」
両者の詳細およびその使い方については、『ビジネス編』第３章「マーケティングのための統計学」に詳しい。

調査は文化人類学の分野で発展してきましたが、昔の欧米人がアジアやアフリカに住む「異民族」の考え方や習慣を理解するうえでいきなり「ただの思いつきのアンケート」を取ってもあまり意味はありません。まずは信頼関係を築き、注意深くインタビューしたり、相手の生活に入り込んで行動を観察したりして、その意味合いを考察するわけです。

こうした質的調査は後に社会学の研究法としても活用され、今日ではマーケティングやマネジメントにおけるリサーチにも応用されるようになっています。こうした分野においてもなぜ質的調査が重要なのかといえば、やはり「自分とは異なる人を理解するため」でしょう。先ほどの例でいえば、家電メーカーに長年勤める技術者の男性にとっては「若い独身女性」は間違いなく自分たちと異なる人といってよく、昔の欧米人の学者たちが初めて出会うアジアやアフリカの民族を理解するために生み出した知見を応用しない手はありません。

質的調査について詳しく説明するとそれだけで1冊の本になってしまいますが、一点だけコツをお伝えするなら**「信頼関係を築いたうえでオープンクエスチョンを投げかける」**ということを大事にしましょう。オープンクエスチョンとは「YesかNoかで答えられない質問」であり、英語では5W1Hとまとめられる「なぜ」とか「どのように」といった質問になります。逆にYesかNoかで答えられる、Are you~?とかDo you~?といった質問文は「答えの選択肢が閉じられている」といった意味でクローズドクエスチョンと呼ばれます。

量的なアンケートは「YesかNoか」、あるいは「たいへんそう思う」だとか「どちらかといえばそう思わない」といった有限な選択肢から回答を選ぶクローズドクエスチョン形式でおこなわれることがほとんどです。一方で、質的調査では調査者が思いもしなかった相手の異質な考え方に素早くたどり着くためにオープンクエスチョンを大事にします。前述の「これ、どうしたらもっと買いたくなると思う?」というのはまさにオープンクエスチョンであり、その結果自分や家電メーカーの方々があまり考えていなかった「家電を選ぶときにはインテリアと調和する色使いかどうかを気にする」という「異質な」考え方をすぐに教えてもらえたわけです。

「質的調査」↓「量的調査」の順番で

そして良い質的調査ができたら、いよいよそこから量的調査つまりアンケートの設計に入りましょう。質的調査では自分たちと異質な「こういう考え方がある」「こういうライフスタイルがある」ということを発見できるかもしれませんが、そうした考え方やライフスタイルがどの程度自分たちのビジネスに重要なのかを判断することはできません。この**「どの程度」というのがまさに「量的」調査をおこなう意味です。**

質的調査の結果、「家電を選ぶときにはインテリアと調和する色使いかどうかを気にする」という考え方を持った若い独身女性が存在していることはわかりましたが、「そう思う」と答える人が若い独身女性のうち何%いるのかはまた別の話です。これが「ごく一部の人に限定

（173ページより）

された珍しい考え方」であれば製品開発上それほど重視しなくてもよいのかもしれませんし、「自分たちが知らなかっただけで実は多くの消費者が持っている考え方」なのであれば製品開発に反映したほうがよいでしょう。

あるいは、「色使いを気にする」と答えた人と、そう答えなかった人の間でどの程度自社製品への購買意欲に差が生じているか、という点も重要になってくるでしょう。極端な話、「色使いを気にしない人はみんな買いたいと思うが、色使いを気にする人は誰一人買いたいとは思わない商品である」といった調査結果が得られるのであれば、色使いの問題を何とかするだけでもっと売れるものに改善できるかもしれないわけです。

そんなわけで、第6話でも勇司と貴子はデータ分析に入る前にそもそもどんなデータを取るべきか検討すべく、先行研究を調べるほか「社内で強くストレスを感じている人とそうでない人」にインタビューすることに取り組むことにしました。

どのような言葉で「仕事のストレス」を表現するのか、逆に仕事のストレスがかかっていない人からは「どのような表現が出てこないのか」、生の声を拾ってくることで量的調査をおこなうべき項目案が豊かなものになっていきます。

たとえばインタビューの結果、ストレスを強く感じている人から「自分のやりやすいような進め方があるのに、上司がやり方細かく指示してくるからうまく力が発揮できないいんだよね……」みたいな話を聞けたとしましょう。そうすれば「私は自分の仕事を進める際、自分の力を発揮しやすいやり方を自由に選ぶことができる」という文章に対して『まったくそう思わない』〜『非常にそう思う』までの6段階でお答えください」といった形式で定量的に調べる調査項目を作ることができるわけです。

このようによい質的調査をおこない、「何をアンケートで聞くべきか」というアイディアを広げておけば、適切に分析をおこなうことで「仕事のストレス」という見たり触れたりできない抽象的な概念を測定することができるようになります。それが次回登場する心理統計学（計量心理学）の考え方です。

マンガ 統計学が最強の学問である

原作
西内啓
マンガ
うめ
（小沢高広・妹尾朝子）

第7話 頼んだよ、樹下“課長”

たとえば ですが
ガタイが いい人って どういう人 だと思います？
そりゃあ 背が高くて…
体重が あって…
プニプニの お腹の人も？
いや… 筋肉の 付き方も チェック しないと

身長と体重と 筋肉量のうち どのデータ 使えば
会社で一番 『ガタイが いい人』を 探せると 思います？
身長… いや 筋肉量 か？
ぶー！
ん？
答えは 『とりあえず 全部』です

身長高い人は基本体重もありますし
基本的には筋肉量も多くなりがちですよね？
このデータを全部使って『ガタイ指数』の計算方法を考える
それが因子分析です！

知能指数とか
就活のときの筆記テストとかもこれでできてます
なるほど

その因子分析ってやつをやってはじめて
俺達のデータで社員の『ストレス指数』が測れるってことだな

その通りです
さっそく始めましょう

おう！

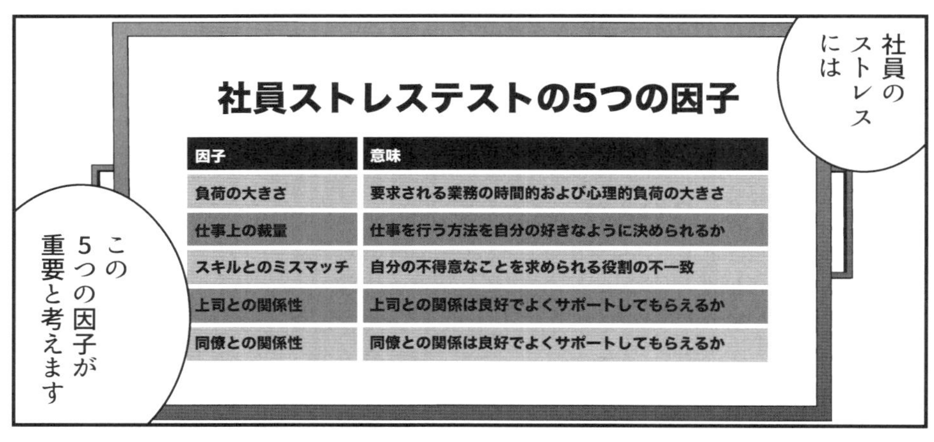

社員ストレステストの5つの因子

因子	意味
負荷の大きさ	要求される業務の時間的および心理的負荷の大きさ
仕事上の裁量	仕事を行う方法を自分の好きなように決められるか
スキルとのミスマッチ	自分の不得意なことを求められる役割の不一致
上司との関係性	上司との関係は良好でよくサポートしてもらえるか
同僚との関係性	同僚との関係は良好でよくサポートしてもらえるか

逆に言えば…
得意でない仕事を

ムリなスケジュールでやり方を細かく決められ
周りからのサポートも得られない状態でこなしている

これが
当社の典型的な『高ストレス社員』の姿です

おお！
なるほど

それぞれの因子で2項目ずつ
計10問ぐらいのチェックテストをこまめに受けてもらうだけで
ストレス度の平均値の予想もできそうです

こちらに全社員のうち
ハイリスクな結果が得られた方々の
情報がまとめてあります
素晴らしい
2人とも短期間でよくやってくれた
パチ
パチ
パチ
パチ
とくにスキルのミスマッチや
人間関係が問題になっている方については
次回の異動の際にご配慮ください
では約束通り
2人を中心にデータ分析のプロジェクトチームを発足させよう
人事以外にも困っている部署は多い
はい!
ありがとうございます!
ニヤリ

俺は
この会社で
偉くなる

そして

ここを
もっといい
会社にする

あいつに
胸を張れる
ような会社に
このチームでデータを通じて
社内外で最大幸福を必ずや実現しよう!

ライジン
これまで経験と勘で需要予測して
生産計画を立ててきたんですが
より高い精度が求められてくるようになりまして…
わかりました！
では時系列モデルを使いましょう
1、2か月前や
1年前の同じ月の出荷量のデータから
来月の売上予測をするんです
時系列モデル？
そんなことができるんですか？
もちろん気象予報のデータも合わせて使っちゃいましょうか！
必要なデータの形式は
こちらから共有いたしますので
出荷データを管理している担当者をご紹介ください

高精度な時系列モデルの
開発により
1.2億円
のコスト削減が可能に

カタ
カタ
カタ
カタ

ゴオオオ

うちの子会社で経営してるレストランチェーンね
名古屋の出店が決まって物件を検討中なんだが
こういう時にもデータは役に立つのかね？

はい！今までのお店の業績と属性のデータをいただければ
繁盛しそうな出店場所などを分析できます

属性？
フロアの大きさや広告費の使い方
立地に関する情報などですね

最低限店舗ごとの業績情報さえいただければ
それ以外の情報は私達でお調べいたします

カタ
カタ
カタ
カタ

駅ナカの小規模店舗は
坪売上が
3.4万円高い
傾向に

これまでさんざん広告打ったびに
イメージ調査をかけてきたんだが…
次のキャンペーンでは新しい切り口を探したくてね

了解です！
データの中に製品のご愛顧に関する項目はありますか？

ああ…もちろん
バッチリです！

いろんなイメージ項目のうち ヘヴィユーザーかどうかに強く関係してそうな意識を
ロジスティック回帰で探しときます！

ロジスティック回帰？
要するに売上みたいな数字のデータじゃなくて ユーザーかどうかっていうカテゴリー分けを予測するための分析ですね！

とりあえず
最近のイメージ調査の生データを一通りご共有いただけますか？

カタ
カタ
カタ
カタ
カタ

カタ
カタ
カタ
カタ
カタ
カタ

当社の
主力製品で
あるライジン
ビールの
イメージ調査の
データを分析
したところ
ヘヴィ
ユーザーは
男性で年齢層が
少し高め
そして
イメージ
としては
『愛着がある』
『親しみがある』
『どちらかというと
男性らしい』
といった
方向での訴求が
有効と考えられ
ました

CMも最近
ソフトなタッチ
だったけど
もうちょっと
ガツンといった
方がいいのかも
ねー

これまで
全社を挙げて
取り組んできた
オシャレさや
高級感といった
ブランディングに
ついては
どうかね？

…少し
質問
なのだが

オシャレや高級感…？
そうですねえ…
結果を見ると
ライジンビールがオシャレで高級感あるって感じてる人ほど
明らかに飲んでない傾向ですねー
カタ
カタ
カタ
……

…ではもうひとつ
逆にライジンビールの弱みである
若い女性をターゲティングした方が効率的ということは？

うーん…
何か若い女性に特別刺さるような
すごいアイディアがあれば別ですけど
効率的ってことはないです

仮に同じだけ
不特定多数の
1万人に広告
見てもらうと
して
おじさま方
1万人と
女子1万人
だと
含まれる
ヘヴィユーザーの
人数が4倍以上
変わってきそう
なので
スジ悪そう
ですね…
なるほど…
わかった
樹下くん
はい
今日は
もう遅い
いったん
ここまでに
しよう
ガタッ
よければ
この後サシで
どうだい？
君とは一度
ゆっくり
話をしてみた
かったんだ
本当
ですか！
ぜひ
お願い
します！

ザワ
ザワ
ザワ
ザワ
ザワ
ザワ…

ははは
2軒目まで付き合ってもらってすまないね

いえ
長岡さん相手なら朝まででも！

流石だ！
これは将来が楽しみだ！
ハハハ

ところで樹下くん
君は仕事で一番大事なことは何だと思う？

そうですねえ
俺は…顧客と仲間に対して常に誠実でありたいと考えてます

素晴らしい
それを実現するために一番大事なことは？

実現のため…？
うーん…

会社としての一貫性だよ
会社としての方針がフラフラしてたり
社員によって言うことが変わってたりしたら誰も信頼しなくなるだろう？

なるほど
たしかに
ニヤ
実は僕はねライジンビールをシャンパーニュみたいな
ブランドにしたいと考えている
シャンパン？

君たちもビールなんてダサいものあんまり飲まないだろ？
のまない～
シャンパンがいい～

実は来年
トン
ライジンビールのレシピも大幅なリニューアルを検討している

…え？

シャンパーニュみたいに高級で
フルーティで軽い飲み口で爽やかなものが売れるはずだ
ライジンビールは生まれ変わる必要がある

ライジンビールがオシャレで高級感あるって感じてる人ほど
明らかに飲んでない傾向ですねー

いや…しかし
それでは現在の最重要顧客たちの反発を…
ははは

それを何とかするのが君の仕事だよ

え？

これはね ただの思いつきじゃない
私の若い頃からの悲願なんだ

君たちのデータの力を使って
このプランの正当性を証明してほしい
頼んだよ 樹下〝課長〟

07

心理統計学と因子分析

知能を測定しようという試みから発展した「因子分析」

マンガやドラマには「IQ150の天才」といった設定のキャラクターがしばしば登場しますし、我々は特に疑問も持たずにそうした情報を受け入れがちですが、これを不思議に思ったことはありませんか？　私たちは「知能」という見たり触れたりできない概念がなぜか「ある」と信じていて、それを何らかのテストをすれば測定できる、という状況をすんなり受け入れています。しかし、物差しやバネなどを使って物理的に測定できるわけでもない知能というものを、なぜよくわからないテストを受けることで「測れる」といえるのでしょうか？

マンガやドラマではこれほど一般的に登場する割に、実は「知能の測定」はそれほど長い歴史を持っているわけではありません。今日おこなわれるようなやり方で知能が測定されるようになったきっかけはチャールズ・スピアマンという心理学者・統計学者による1904年の論文なので、だいたい100年ちょっと前ぐらいからというところでしょうか。

スピアマンは知能の研究をする中で、古典や外国（フランス）語、数学や反応テストといったさまざまなテストの成績が概ね相関することを発見しました。つまり各テストの成績が

縮約
たくさんの変数を一気に扱う分析のことを一般的に多変量解析と呼ぶが、そのアプローチは主に2つあり、1つは重回帰分析などのように「たくさんの説明変数と1つのアウトカムの間の関係性をモデル化する」ことである。もう1つのアプローチは「たくさんの変数をもっと少ない変数にまとめ直してわかりやすくする」というものであり、この「まとめなおしてわかりやすくする」ことを専門用語で「縮約」と呼ぶ。

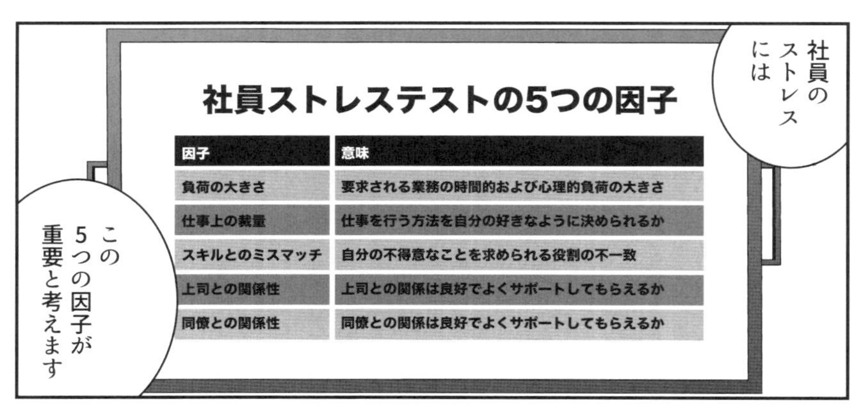

因子	意味
負荷の大きさ	要求される業務の時間的および心理的負荷の大きさ
仕事上の裁量	仕事を行う方法を自分の好きなように決められるか
スキルとのミスマッチ	自分の不得意なことを求められる役割の不一致
上司との関係性	上司との関係は良好でよくサポートしてもらえるか
同僚との関係性	同僚との関係は良好でよくサポートしてもらえるか

（186ページより）

まったくバラバラということはなく、多少の得意不得意はあるにせよ、「古典の成績が良い生徒は数学の成績も基本的に良い傾向にある」「古典が苦手な生徒は数学も苦手な傾向にある」といったように、ある程度その成績の良し悪しが似通ってくるということです。

さらにいえばこれらの成績を使ってうまく計算すると、こうしたさまざまな「知能の良し悪しに左右されそうなテストの成績」とよく相関しそうな指標（**因子**）を計算できることもスピアマンは発見しました。これが現代において**因子分析**と呼ばれる手法の原型になっており、マンガの中で貴子がおこなったのもこの手法です。

スピアマンの研究成果をそのまま紹介すると話が複雑になってしまいますが、ごくシンプルな例として次のような状況を考えてみましょう。

ある会社では優秀な人材を選抜すべく、今年から応募者に対して独自に作った筆記試験を受

因子分析

因子分析は英語でfactor analysisというのだが、製造業の統計的品質管理の領域では本書で何度か出てくる「対処すべき原因を探索するデータ分析」のことを「要因分析」と表現する人もいる。こちらも英語に直訳するとfactor analysisじゃないかと思うのだが、因子分析と「要因分析」はまったく別物なので文脈に応じて注意してほしい。

図表 7-1　採用テスト結果の散布図

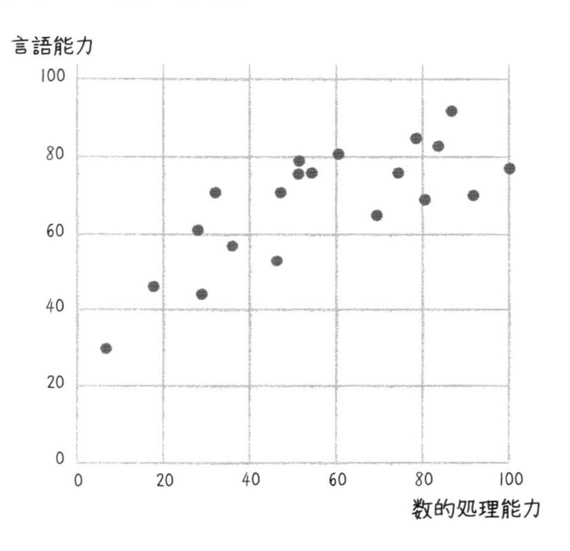

けてもらうことにしました。筆記試験は業務に必要なロジカルシンキングや文章の読解能力などを含む「言語能力」のテストと、業務で使うちょっとした計算の速さと正確性を含む「数的処理能力」のテストの2つから成ります。その採点結果を散布図にまとめると図表7－1のようになりました。

これら2つのテストの得点を単純に合計して上位から面接のオファーを出す、というのも1つの方法ですが、両者は相関している（つまり数的処理能力の高い応募者は言語能力も高い傾向にある）うえに、バラつき方が異なるところが気になります。つまり、数的処理能力については10点未満の応募者もいれば100点の

図表 7-2 テスト結果をまとめると

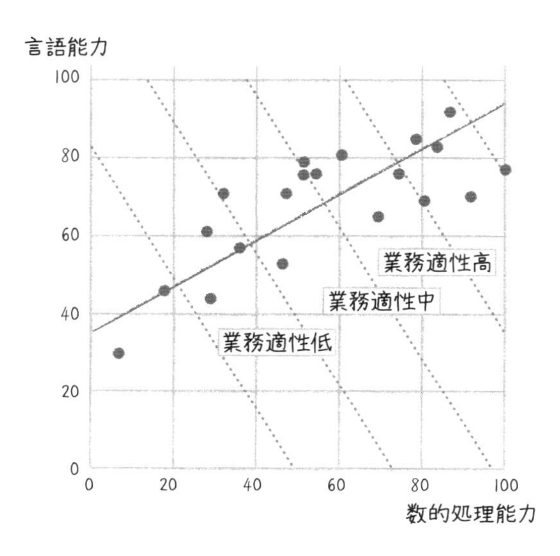

応募者もいる一方で、言語能力については30点から90点程度の応募者しかいません。こうしたバラつきの違いを考慮せず、単純に素点の合計だけで本来見たかった応募者の「自社の業務への適性」を判断してもよいのでしょうか？

こうした状況で因子分析をおこなうと、数的処理能力と言語能力の背後にある「潜在的な業務適性」とでもいうべきものを推定することができます。視覚的に示すとしたら図表7－2のように、「相関するデータの真ん中を通るような軸」を引き、その軸における位置関係で「潜在的な業務適性」を測るわけです。

5本の点線のうち真ん中の点線はテスト結果の平均値の点を通っています。直線から近かろうが離れていようが、真ん中の点線前後に存在している応募者は「業務適性が平均的」であり、それより1つ上の点線付近にいるものは「業務適性が高い」、それ以上になると「めちゃくちゃ高い」と考えられます。

したがって、この軸において右上に位置する応募者ほど「潜在的に業務適性が高い」と考えることができます。この軸から右下に位置する応募者は「業務適性の割にどちらかというと数的処理が得意」とか、左上に位置する応募者は「業務適性の割にどちらかというと言語能力が得意」みたいな違いもありますが、ざっくり「業務適性」という1つの軸だけで面談オファーを判断しても概ね問題はなさそうです。

さらに、こうした軸によって推定された「潜在的な業務適性スコア」が、筆記試験の結果だけでなく、面接での評定結果や、実業務を試しにおこなってみる作業テストなどともよく相関していることがわかったらすばらしいことです。実際に面接したり業務をやってもらったりしなくても短時間の筆記試験だけである程度「どれぐらい仕事ができそうか」が推定できるわけなので、効率的に業務適性のある人材を選別できることになります。

スピアマン以来おこなわれている**知能テスト**の開発も、まさにそうした意義の研究になります。「これだけテストしてうまく計算すればさまざまな知能に左右されそうなテストの成績が予測できる」というスコアが計算できるのであれば、それはもう実質的に知能を測っている、といってよいでしょう。

こうした人間の精神に関するさまざまな「見たり触れたりできない概念」を測定しようと

知能テスト
現代最もよく使われる知能検査の１つであるウェクスラー式検査を作ったデヴィッド・ウェクスラーもかつてスピアマンのもとで研究をしていたことがある。

いう分野は今日、**心理統計学**あるいは**計量心理学**と呼ばれるようになりました。

「因子」は2つ以上でもよい

ちなみにスピアマンは、「一般知能」つまり全ての「知能に左右されそうなテストの背後にある1つの因子」だけを考えましたし、先ほどの採用テストの例でも「潜在的な業務適性という1つの因子」だけを考えましたが、必ずしも1つの因子だけを考えなければいけないものではありません。

たとえば開発者であるウェクスラーが亡くなってからもウェクスラー式検査の改訂は続き、最新版では「言語の理解」「空間・視覚的な処理」「推論能力」「ワーキングメモリー」「処理速度」といった5つの因子で知能を捉えています。最終的にこれら5つを合わせた形で算出されるのがいわゆる「ＩＱ」ですが、たとえば「言語の理解」とあまり相関しないように「処理速度」を測定したり、「空間・視覚的な処理」と相関しないように「推論能力」を測定したり、といったようにテストが工夫されています。これにより、スピアマンの時代より精緻に子どもたちの知能を調べられるようになりました。

就活のときに受けるリクルートのＳＰＩでは言語分野と非言語分野にわかれたテストを受けますが、これもおそらく初期のウェクスラー式知能検査が言語性検

ビッグ5
人の性格をどう捉えたらいいか、という試みは20世紀初頭から今に至るまでさまざまな研究者によっておこなわれているが、その金字塔とでもいうのがビッグ5であり、さまざまな性格検査の指標は結局のところ因子分析により5つに集約されるというのが興味深いところである。具体的にその5つとは「外向性」「調和性」「誠実性」「感情の安定性」「経験への開放性」というもので、たとえば一時期日本の自己啓発本でも「IQより心のIQであるEQ（Emotional Intelligence Quotient）のほうが大事なのだ」という考え方が流行ったが、データを取ってみるとEQという独自の指標を考えずともビッグ5の「調和性」と「感情の安定性」で説明できてしまうことが研究上明らかになってからはあまり注目されなくなったように思う。なおビッグ5は人事関係の調査ではしばしば重要な変数として取り扱われ、そのあたりのことは『ビジネス編』第2章「人事のための統計学」に詳しく書いた。

査と動作性検査という2因子で知能を捉えたことに影響されたのかもしれません。

また心理統計学が測定しようとするものは知能だけに限らず、たとえば「人間の性格をどのように測定できるか」といった取組みもおこなわれています。代表的な心理検査の1つに**ビッグ5**と呼ばれるものがあり、これもざっくりいえば「世の中にいろいろな性格の見方があるけど、5因子で捉えればそれだけでだいたい人の性格は捉えられるのではないか」といったようなものです。

貴子が最終的にさまざまな言葉で表現された仕事のストレスを5つの因子にまとめたのも同じような考え方です。さまざまな人へのインタビューをおこなった結果得られたさまざまな「仕事のストレスとして用いられる表現」に対して「そう思うか／そう思わないか」を回答してもらった結果、それらは互いによく相関している組合せもあればあまり相関してない組合せもあったことでしょう。ただ、どうやら「相関しあうやつ」は概ね5種類程度に分けることができそう、というのであれば「5因子にまとめて考える」のがよさそうということになります。言い換えるならば、5因子で捉えておけばデータ全体の構造をある程度以上に説明できそう、とか6因子に増やして考えたからといってそれほどメリットがあるわけではなさそう、ということを貴子はデータから判断したのでしょう。

またさらに、さまざまな調査項目の中から5つの因子のスコアを測定するのに役立ちそうな項目を取捨選択することで、無事インタビューの結果から「ライジンビールで働く場合の

心理尺度

専門家以外には知られていないが、サイエンス社から『心理測定尺度集』というシリーズが刊行されており、ありとあらゆるジャンルの心理尺度が収載されているので、今後何かしらのアンケート調査設計に関わる人にはぜひ目を通すことをおすすめする。

仕事のストレスをよく測定できそうなもの」、つまり専門用語でいう**心理尺度**を開発することができました。

こうした研究方法は従業員相手だけでなく、消費者の価値観や嗜好といったものを測定する目的でも応用されることがありますし、心理特性を測定するための心理尺度はさまざまなものが開発されています。読者の皆さんも何か「見たり触れたりできない人間の特性」を測定したくなったら、測定したいものと「心理尺度」というキーワードで探してみるといいかもしれません。

マンガ 統計学が最強の学問である

原作
西内啓
マンガ
うめ
(小沢高広・妹尾朝子)

第8話 死ぬほど軽蔑しちゃいますねえ…

たとえばだよ？
サイマートのデータでは
女性客の購買数が多いって結果が出たけど

何か特殊なことしたら逆に男性の方が…みたいな
分析結果が得られたりするのかなって

ん～
ないとは言い切れないですね

例えばあの時はサイマートの
お客全員のデータで分析したけど
一部のデータだけに絞り込んでみたりとかすれば…

一部のデータ…

たとえば
ある店舗
では
たまたま近くに
ワンルーム
マンションが
たくさんあって
『家族のための
買い物をする
女性』が少数派
だったり
ほう

でも
単純に
p値をいろんな
条件で何回も
計算し直すって
基本
ヤバいん
ですよね

…ヤバい？

超ヤバイ
です

だって
分析結果を
信頼するかの
判断が
『たまたまの
誤差だけで
こういう
結果になる』
その確率が
5％下回るか
どうかでしょ？

5%って20回の1回ですよ
何十回も何百回もいろいろ試しちゃったら1回ぐらいは本当にたまたま
『5%以下』って結果になっちゃいません？

…確かに

だからデータをいじくり回す前に
どういう条件で分析するかは決めて
出てきた結果を先入観なしに受け入れることが
とっても大事!!
なんです

……あ〜
ちなみにだけど

もしデータを変にいじくり回して
都合のよい結果を出そうとする人がいたらどう思う？

…フフッ
そんなの…

死ぬほど
軽蔑しちゃいますねえ…
ゴ
ゴ
ゴ

ゴ
ゴ
ゴ

ポッ
ポッ
ライジンビ
ライジンビー

…どうしろって言うんだ…
ザァァァァァ

専務の一声で生まれたチームだってのに…
逆らったら一発で解散じゃないか…

データってこんな面白いものだったんですね
僕のスキルが活かせる仕事をもらえてうれしいです！

最近また久しぶりに
統計学の勉強が楽しくなってきたんですよ

…チームを守るのも…
俺の仕事だろ…

ライジンビール
ライジンビール
ご苦労だったね樹下くん

で？オシャレで高級感のある
イメージ戦略の根拠は用意できたかい？

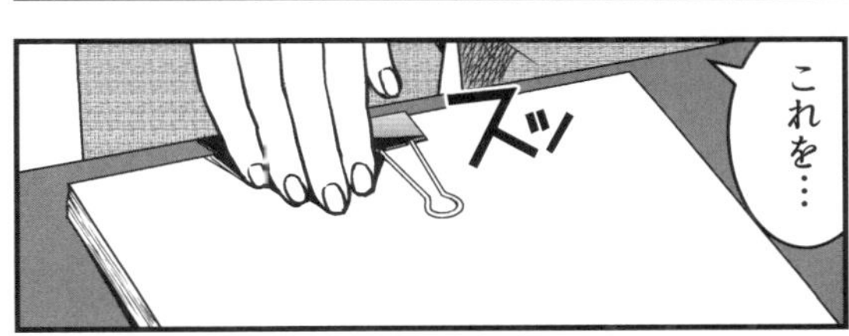
これを…
ズッ

20代の女性のみに絞れば…
『飲食店を選ぶ時に重視するのは』
『オシャレな雰囲気である』

という回答が多数派になりました
ただし！
このクラスタは普段ビールを飲まず…
私たちのブランドに対するロイヤルティは低いです
飲み物が充実
0.034
健康に良いメニュー
0.046
その他
0.016
アクセスの良さ
0.087
0.131
デザートが充実
オシャレな雰囲気

それだけ伸び代があるということだな
よくやってくれた
資料作成は大山くんか？

帝大では
円グラフの描き方なんて教えません

ん？

円グラフなんて小学生で習うことです
これは…俺が勝手にやったことで
彼女は全く関知していません

ははは
すまない
優秀なのは君だったか
専務

考え直していただけませんか？
ギュッ
このプロジェクトは危険すぎます

決定を下す前に せめて マーケ部門と 販売部門に
私の口から データの説明を させていただけ ませんか

おまけに 責任感も 強い

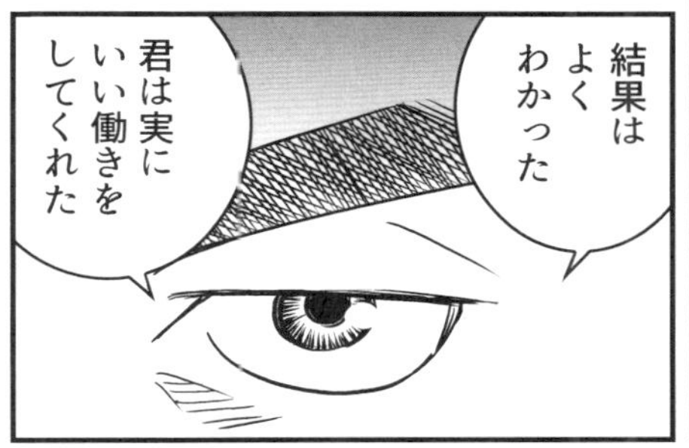
結果は よく わかった
君は実に いい働きを してくれた

あとは 私に任せて くれればいい
しかし…
心配 しなくて いい 悪い ようには しないよ

…失礼 します

バタン

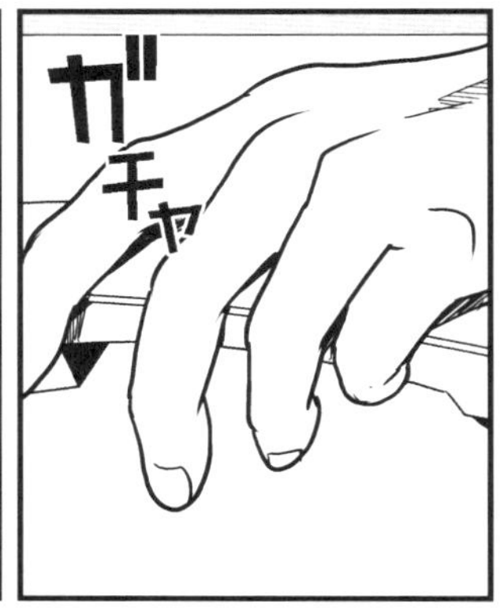
ガチャ

ああ もしもし？ ちょっと急な話だがね
下期に社員をひとり異動させて欲しい …といったらお願いできるかな？

ああ 優秀で実直な男だよ
いささか度が過ぎるほどに……だ

次のニュースです
中華料理
らーめん
あ！ うちのニュースですよ！

へ～ライジンビール
リニューアルするんですね

今回我々はライジンビールの大幅なリニューアルにおいて
ビッグデータを使って徹底的に分析した結果…
飲食店選びで重視するポイント（非ロイヤル・20代女性）

！

あはは！笑っちゃいますね
ビッグデータですって
千人ぐらいにきっちり調査しただけなのにね
……

女性的でエレガントなイメージを頂くことが
商品のご愛顧に繋がるという結論にたどり着きました

……ん？
女性的？エレガント？
……

新しいライジンビールのフルーティな飲み口は
皆様にもきっとご満足頂けるでしょう
RISING BEER
SINCE 1896

…
え？

我々が分析した顧客のイメージって「年齢層高めの男性」ですよね？
まったく逆のこと言ってますけど…

はあ!?

もしかして私達以外にデータ分析してる人が？それともセンム自分で張り切っちゃったのかな…
いや…

あの分析…
勇司先輩が!?

あんな…都合のいい結果を出すためだけの分析を!?

すまん…

ただ俺も
組織に所属する人間なんだよ…

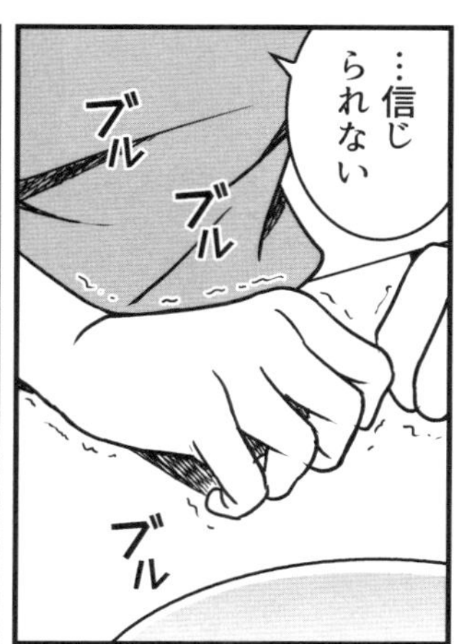
…信じられない
ブル
ブル
ブル

勇司先輩はお客さんや取引先に対して
誠実な人だと思ってました

バンッ
体調がすぐれません
今日はこれで失礼します！

ザッ
お…おい
午後のアポは…

知るかよ
ボンッ

ガラッ
このとき

オレはどうしても
彼女のあとを追うことができなかった

サイマート
勇司ちゃん
だから
ホントのとこ
聞きたいん
だけどさ

コレ
出足どう？
CMとか
すごいし
ウチも
初週は
よかったん
だけどねえ

…申し訳
ありません

いやいや
勇司ちゃん
あやまること
じゃないよ
あの子と
頑張ってたの
よーく
知ってるしさ
はい…

ただね
…
最近の
ビッグデータ
だっけ？
そういうのは
よくわからない
けど

昔から
ライジン
ビールと
言えば
ガツンと
くるコク
それじゃ
ダメだったの
かなあって
なんか
寂しくて
ねえ
RISING BEE
premium

本当に
バッ
申し訳
ありません
……!!

ライジンビール
ライジンビール
ライジンビール

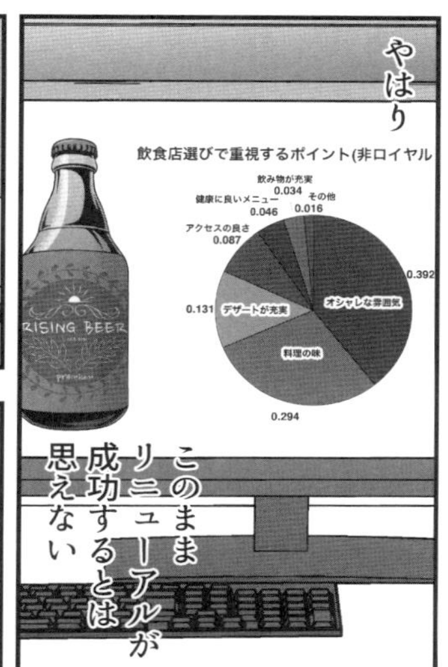
やはり
飲食店選びで重視するポイント(非ロイヤル
飲み物が充実
0.034
健康に良いメニュー
0.046
その他
0.016
アクセスの良さ
0.087
0.392
オシャレな雰囲気
0.131
デザートが充実
料理の味
0.294
RISING BEER
このまま
リニューアルが
成功するとは
思えない

今からでも
できることは
あるはずだ
お客さんや
販売店の方々
ライジン
ビールに
関わる全員

そんな
みんなの
ために
オレに
できることが
なにか

くそ
こんなとき
アイツが
いてくれたら
やあ
樹下くん

聞いたよ
キミ
来月から
北海道支社の
副支社長
だって？
栄転
じゃないか
は？
そんな連絡
受け取って
ませんが…
あれ？
メール
見てない？
メール？
ピコン
新規作成　返信 | ✓
件名　異動に関する
オレが
異動…!?
なぜ…!?

08

検定の多重性と再現性の危機

統計学を正しく使わないと、科学の発展を妨げる

統計学は適切に使いこなすことができれば、素早く人類が知らなかったことを明らかにしたり、不確かだったことを検証したりすることができますが、不適切に使うことで間違ったことを正しいと人に錯覚させてしまう可能性もあります。近年科学者の間ではそうした危険性に警鐘が鳴らされ**「再現性の危機」**と呼ばれるようになりました。

再現性とは、誰かが発表した実験結果や調査結果が、他の研究者によって同じように再現されるかどうか、という話です。科学論文は基本的にどのように実験や調査をおこなったかという具体的な手順が「方法（Method）」というパートに書かれますし、本来なら誰がやっても同じように再現されるからこその科学であるはずです。しかし、たとえば元の研究者が実験結果の画像やデータを捏造していたのでは誰も再現することができません。また、そのように間違った知見をもとにした研究を重ねることになってしまっては、科学の発展が損なわれることになってしまいかねません。

再現性の危機

「再現性の危機」というものを一言でいえば「こういう研究があるらしい」という話をうっかり人前でしたら、実は本当のことはまだ全然よくわかってないとか、最悪捏造だったというリスクがあるという話であり、より具体的にいえば日本のビジネス書やインフルエンサーのYouTubeで言及されていた研究結果について会議中にいい話っぽく紹介したら恥をかきかねないという話である。これを読んで危機感を持った人は、まず本書と同じダイヤモンド社から刊行されている『Science Fictions』という本に目を通すことをすすめたい。

（213ページより）

たとえば2014年頃の日本でSTAP細胞の発見に関して大きな騒ぎになりました。それが本物なら人類の科学史を大きく進める大発見ですが、捏造だというなら問題となった研究者の主張するSTAP細胞の作成可能性を前提にした、今後の世界中の研究者のおこなう努力の全てがムダになってしまうかもしれません。これは研究者コミュニティあるいは先人の積み重ねてきた科学知識に対する重大な裏切りだといえるでしょう。貴子が「死ぬほど軽蔑しちゃいますねえ……」というのも大げさな話ではなく、私を含めて真面目に研究者として働いたことがあったり、目指していた人は多かれ少なかれそうした感覚を持っています。

そんなわけで研究者は実験結果や調査結果の捏造、あるいはそこからのウソ、大げさ、紛らわしいといった言説は絶対に許されない行為として戒められるわけですが、明確な捏造とはい

（211ページより）

えない状況でも、不適切な統計解析の方法によっては再現性のない研究結果が生まれることがあります。それを一言で端的に表したのが貴子の「p値をいろんな条件で何回も計算し直すって基本ヤバいんですよね」という発言になります。なお「いろいろな条件で何回も計算し直す」ことを、統計的仮説検定をたくさん重ねてやる、という意味で**「検定の多重性」**と呼びます。

第5話ではランダム化比較実験の説明としてコイントスの話が出てきましたが、コイントスはたとえばサッカーの公式戦などで、キックオフをどちらがやるかを決めたり、PK戦の先攻後攻を決める場合などにも実際に使われます。特にPK戦ではしばしば「外したら負け」というプレッシャーのかかる後攻が不利といわれていることから、コイントスの結果次第ではワールドカップなどを含む大会の結果が変わることもあるかもしれません。

---

p値ハッキング

英語のハック（hack）という言葉は「コンピュータに不正侵入する行為」を表現したり、ちょっとした裏ワザを使うことにも用いられますが、p値ハッキングも「ズルしてp値を0.05未満にする（不正な）裏ワザ」といったニュアンスでしばしば使われます。

コイントスはどちらが勝つか50％ずつのフェアな勝負で、絶対にやり直しを認めてはいけません。「片方のチームに都合の悪い結果が出た場合のみ、何回ものやり直しを認める」みたいなことになればこのフェアさが損なわれるのは小学生でも理解できることでしょう。しかしながら、話が複雑になればなるほど、そうした当たり前のことをつい忘れてしまうことがあります。

ここで仮に「サッカーの審判が使うコインは裏表の重さが偏っているのでＰＫ戦の順番はある程度審判の意図次第で不正ができてしまう。だからワールドカップの結果はおかしい」と主張したい人がいたとしましょう。

彼の報告によれば自分の実験室内で温度や湿度を厳密にコントロールして実験した結果、６回連続で表側を出すことに成功したそうです。本来50％で表裏が出るはずなのに６回連続で表になる確率は０・５の６乗で１・６％ほどしかありません。これをｐ値として考えるならば５％より小さく、「表裏の出る確率は50％ずつ」という仮説が棄却されるのではないか、というのが彼の論旨です。

もちろんこうした単純な例であれば我々は素朴な感覚でその主張がおかしいことに気づけるでしょう。しかしなぜそれがおかしいのか言語化できるでしょうか？　言い換えるなら、どういうプロセスで計算されたｐ値なら信頼すべきで、どういうプロセスで計算されたｐ値は信頼すべきでないのでしょうか？　このことを考えるうえで「検定の多重性」という考え方はとても参考になるでしょう。

おそらく上記のコイントス研究に対してまず疑うべきは「何度その実験を繰り返したのか？」という点と、「報告していないデータは存在していないのか？」という点です。何百回もコイントスを繰り返したうちの「たまたま6回連続で表が出たところ」だけを報告していたり、「いろいろな条件で6回コイントスを繰り返す実験を100種類おこなった」うちの、たまたま本当に6回連続で表が出た場合だけを報告していたのでは科学的主張として認めるわけにはいきません。

たとえば「いろいろな条件で6回コイントスを繰り返す実験を100種類おこなった」場合、偏りのないコインを使った1つの実験でたまたま6回表が出る確率は1・6%かもしれませんが、逆に「そうならない確率」は98・4%ほどです。98・4%の100乗となるとだいたい20%ぐらいのものなので、80%ぐらいの確率で「100種類の実験中の1種類以上で6回全部表が出る」というのは、ふつうにあり得ることだといってよいでしょう。

またこれは自分で実験する場合だけでなく、すでに存在している情報を調査して分析する場合にも同じようなことがいえます。サッカーで言えばJ1のリーグ戦だけで年間300試合以上あります。天皇杯などの大会やJ2やJ3のリーグ戦、さらにはユース年代だとか、代表戦などを入れたら膨大な公式戦が存在していますし、海外リーグなども考えると年間におこなわれる公式戦が何試合なのか、数えるのすら気が遠くなるでしょう。

おそらくその中のいずれか数試合ぐらいを取り出していえば、「たまたまどこかのチームに有利なコイントスが連続した」というケースもないとはいい切れません。そしてさも「元から興味があったのはそこだけです」というフリをして、p値でいえば5%未満なので統計学的に何かが実証されました、というのは不適切な統計学の使い方だといえます。

このように、コイントスぐらい仕組みが明確なことならわかりやすいのですが、心理学や社会科学、経営学や実験経済学といった研究で話が複雑になってくると、我々はついうっかりこうした批判的吟味の姿勢を忘れてしまいます。それが冒頭お伝えした科学者が危険視している「再現性の危機（Replicability Crisis）」という状況です。

たとえばある心理学者は自分の立てた理論や仮説を実証すべく、手をかえ品をかえさまざまな実験方法を考案し、ボランティアの研究協力者（被験者）に参加してもらって実験データを集めたとしましょう。「いろいろ試してみてもやっぱり一貫してこういう傾向にある」というのなら問題はありません。しかし、なかなか思った通りの結果が出ず、しかしある日の実験では新しいアイディアがうまく機能したのか、無事自分の思い通りの実験結果を得ることができました。この結果をそのまま発表した研究成果は、先ほどのコイントス実験と同じような危険性をはらんでいます。もし同じ実験方法を他の研究者が試したときに一度目ですぐ再現できたのであれば話が別ですが、その後誰が何度やっても再現できなかったというのであれば、当初の研究の主張は間違いだったのかもしれません。

同じように、社会科学者の中には調査会社を通じて何千人かの人たちに、何百もの質問項目に答えてもらい、統計解析を通じてそこに含まれるありとあらゆる質問項目間の関係性について明らかにする、という研究をする人もいます。またさらに、全回答者における分析結果だけではなく、時には回答者の地域、職業などを絞り込んだうえで分析をやり直すことで、地域性や職業特性といったものについて明らかにすることもあります。

要するに第3話～第4話で貴子がおこなった統計モデルの当てはめを、さまざまなアウトカムに対して、さまざまな説明変数の組合せで、さまざまな部分集団（専門用語では**サブグループ**といいます）に対しておこない、その中からｐ値が５％を下回るものを探して、そこから人や社会についてどういうことがいえそうかを考察するわけです。

その中からは当然いくつかの興味深い仮説も見つかるかもしれませんが、だからといってその結果だけからいきなり公共政策を決めるとか、経営判断を下すというのはあまりおすすめできません。これも先ほどのコイントス研究で世界中のサッカーの公式戦の一部から仮説に合う結果だけを報告しているようなもので、「数百回計算したｐ値の中からたまたま自説に都合のいいものだけを報告している」という可能性も考えられなくはないからです。

「検定の多重性」に科学はどう対処しているか？

このように、「ｐ値をいろんな条件で何回も計算し直して得られた研究成果」は再現されないかもしれない、つまり信頼できない結果である危険性が拭えないわけですが、当然研究者たちもこの問題に対処してこなかったわけではありません。たとえば検定の多重性を考慮するための方法として**ボンフェローニ補正**というものが使われることがあります。

ボンフェローニ補正
イタリアの数学者カルロ・エミリオ・ボンフェローニの「ボンフェローニの不等式」と呼ばれるものに由来するやり方で、たとえばｐ値が５％以上か未満かと考える代わりに「５％÷仮説検定をおこなう回数」以上か未満かと考えれば、検定の多重性は問題にならないという考え方。『実践編』第2章で詳しくその意義を解説したほか、巻末で数学的な補足もおこなっている。

先ほどのコイントス研究でいえば、いろいろと条件を変えて100回実験して100回統計的仮説検定をおこなうというのであれば、p値が5%ではなく、0・05%を下回るかどうかで「たまたまの結果かどうか」を判断することになります。この基準なら0・05%の確率で「本当にたまたまたまたまそういう結果が出る」こともあるかもしれませんが、逆にいえば「99・95%は大丈夫」ということになります。そして99・95%の100乗は約95・1%ほどという値ですので、100回全体で「95%は大丈夫」と考えることができます。ただしここでいう「大丈夫」というのは「p値が小さいからと間違った結果に着目してしまうことはない」という意味であり、逆に「p値が大きいからと何かの大事な結果をスルーしてしまう」というリスクは当然上がります。

ボンフェローニ補正以外にも検定の多重性に対処する方法はいろいろありますが、報告された結果についての対処法だけではムリがあります。研究者からすれば「p値が小さい、統計的に再現性のありそうな分析結果が出てきました!」といえば論文になりやすく、逆に「どれもp値が大きく、特に何がどうともいいにくい結果になりました」というのでは論文を書きようもありません。

そのため何度もいろいろと実験を繰り返そうというのを止めるのは難しく、わざわざ全ての p値が大きい実験結果もまとめて報告させたうえで、唯一p値が5%を下回った実験結果について「ボンフェローニ補正を考えたらスルーしたほうがいいです」などと正直に報告してくれることはあまり期待できません。

そこで医学の分野から始まり、少しずつ心理学などそれ以外の分野にも広まっている考え方が**「あらかじめおこなう研究の計画を第三者に提出させる」**というアイディアです。黙って実験を繰り返して「たまたまうまくいったやつだけ報告する」のが問題だというなら、実験開始前に何人ぐらいの対象者で、どのような実験をおこない、どう分析するのか、という計画を提出させておき、その結果を論文とは別に報告させることで、「結局どうなのか」を第三者が把握しやすくなるわけです。

医学系の主要な学術雑誌などでは、特に人間が被験者として参加する研究において「事前に研究計画を第三者機関に登録・公表していない論文は投稿を受け付けない」という強い姿勢を示しています。これにより、主要な学術雑誌に論文が掲載されたという研究業績がキャリア上重要になる研究者たちは、否が応でも再現性の問題に対処しなければいけなくなります。

個人でも簡単にできる対策

こうした事前登録制度以外にも、有名でインパクトの大きい研究に対して第三者が積極的に再現するか否かの検証をおこなう、という動きは分野を問わずよく見られるようになりました。ビジネス書などにもさまざまな心理学の研究結果やその解釈と仕事上の応用方法などが載っていたりしますが、**その言葉と「再現性」とかその英語にあたる「Replicability」「R**

eproducibility」といった言葉を一緒に入れてインターネット検索をかけると、思った以上に多くの一般に伝わる心理学の研究成果が、すでに「再現性がないと専門家からは批判されている」ということに気づくことでしょう。あとで恥をかいたり、効果があるんだかないんだかよくわからないことに時間を使う前に、最低限日本語で、できれば英語で（英語の苦手な人は機械翻訳なんかも使いながら）この検索方法を試していただければ幸いです。

このように、研究者たちはすでに再現性の危機という問題に対処しはじめているわけですが、では研究者というわけでもないものの、データ分析をおこなったり、その結果からビジネスの意思決定をする我々はどのようなことに気をつけたらよいのでしょうか？　おそらく大事なことは2つあるのではないかと私は思います。

1つは**「探索的分析」**と**「検証的分析」**の区別を明確にすることです。先ほど、何千人かの人たちに、何百もの質問項目に答えてもらい、さまざまな統計モデルを当てはめる、という社会科学の研究スタイルについて言及しましたが、これはあくまで仮説の「探索」であって、何かを「検証」したわけではないと認識しましょう。だからその結果だけからいきなり経営判断するのはおすすめできないわけですが、だからといって「厳密には判断できないから結局データとか使わずに自分の勘だけを信じよう」というのでは元も子もありません。

それよりおすすめなのは「探索フェーズで見つかった仮説をさっさと検証しよう」という姿勢です。本作でも、勇司と貴子はサイマートのPOSデータに対して一通り探索的分析をおこなったあと、すぐにランダム化比較実験による「仮説の検証」をすすめました。

探索フェーズでp値が小さいことは「いろいろ試した結果」かもしれませんが、事前に計画したランダム化比較実験で1つだけ求めるp値、あるいは複数あるにしてもボンフェローニ補正を考慮したp値が十分小さいということになれば、おそらくそれは「ただのたまたま」ではない再現性のありそうな結果ではないかと考えられます。

2つめに、「自分や上司の思う仮説を何とか裏付けよう」などという姿勢でデータをいじくり回すことは絶対やめましょう。データ分析は別に誰かの立場を強くしたり、誰かの話に権威を持たせるためにおこなうものではありません。自分たちが知らなかったことや、不確実性のあることに対して、何をおこなうのがよさそうかという意思決定の精度を上げるためにおこなうべきものです。

自分や上司の思う仮説が間違っていて、それに不適切な分析方法で裏付けを与えてしまうことを続けていれば、おそらく組織は間違った意思決定を繰り返してどんどん損を重ねていくことになるでしょう。

探索的なデータ分析をおこなうにせよ、素直にデータと向き合い、そこから出てきた仮説を偏見なく解釈し、その中から何かビジネス面の意思決定に役立つような情報はないかと考えるほうがはるかに有益です。これは自分自身がデータ分析をおこなうにせよ、誰かにおこなってもらうにせよ、いずれにしても大切な姿勢として忘れないようにしてください。

以上のような姿勢を忘れてしまい、つい都合よく、実態とはかけ離れたデータ分析の結果を報告して人や組織の意思決定を歪めるようになってしまうと、中長期的には手痛いしっぺ返しを食らうことになってしまいます。勇司もたかが円グラフとはいえ、明らかに市場とミスマッチな新製品を後押しするような分析結果を報告してしまいましたが、果たして北海道支社ではどのような姿勢で仕事に取り組むのでしょうか。

マンガ 統計学が最強の学問である

原作
西内啓
マンガ
うめ
（小沢高広・妹尾朝子）

第9話 俺にできることはまだある！

シーン…ン

ははは
新しい副支社長はアツいねぇ

もっと肩の力抜いて気楽にさ
ここは会社の功労者が
キャリアの最後に楽しむところだから

は…はあ

ライジンビ
ここはライジンビールの創業の地
圧倒的にシェア持ってる

地元の付き合いだけ大事にしてたら
ほっといても売れるから
何もしなくていいよ

それより
カニ食べに
行こうカニ！
今晩
空いてる
よね？

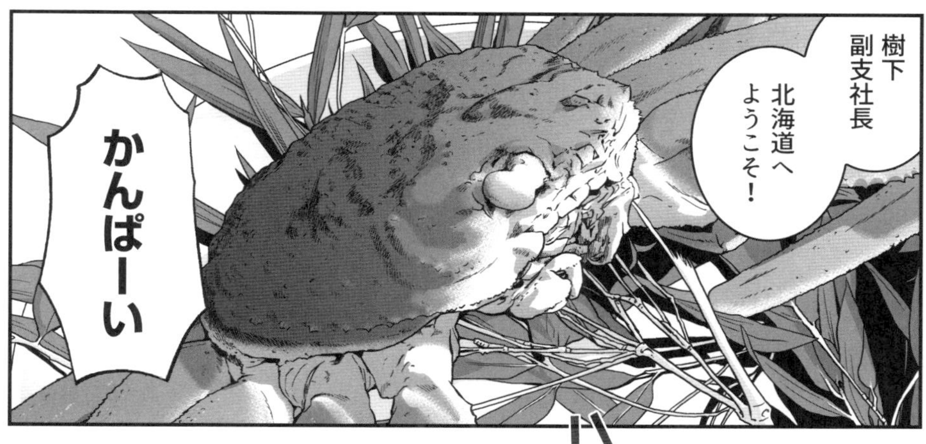
樹下
副支社長
北海道へ
ようこそ！
かんぱーーい

ハハハ
いやー
新しい
副支社長は
愉快な人だ！
彼は
きっと偉く
なりますよ！

いえいえ
そんな！
ワイ
ワイ
ハハハ

ワイ
何も
しなくて
いい？
ほっといても
売れる？
ワイ

そんな
バカな
CLUB
MISS
2F
札幌
味噌ラーメン
Girl's Salon
居酒屋
生ビール
3500円
300円
居酒屋
生ビール
チューハイ
居酒屋

カッ
カッ

ザッ

あれは…？
あの…！
はい？
あ
すみません…
人違いで…
いえいえー

彼は偉くなりますよ！
勇司先輩はお客さんやお取引先に対して
誠実な人だと思ってました！
それじゃダメだったのかなあって
なんか寂しくてねえ

俺は…

偉くなんて
なれない…
ザワ
ザワ
ザワ
和食 川合

皆さま
ザワ
ザワ
上新町商店街大感謝セー
協賛　ライジンビール
ザワ
ザワ
本日はすばらしい場にお招きいただきましてありがとうございました
ライジンビールで乾杯の音頭を取らせていただけることたいへん光栄に感じております

引き続きこの町の発展を願いまして
乾杯！
カンパーイ
上新町商店街
上新町商店街大感謝セール
とんかつ

ワイ
ワイ
ワイ
ワイ
ワイ

すみません ちょっと お手洗いを…
どうぞ どうぞ

ジャー

男は背中で
ライジンビール

男は背中で
ライジンビール

男は背中で
ライジンビール

昭和の時代の ポスターか…
今なら ポリコレ的に 炎上案件だな…

やばい でしょ その ポスター

ハハ…
だってこれ 相当古い ですよね？

そう
そう
親父の代
から
貼ってるの
そう
ですか…
長年のご愛顧
ありがとう
ございます
あの…
最近の
リニューアル
では何か…
……
ご迷惑を
おかけして
おりません
でしょうか？
リニュー
アル？
ああ…味
変わった
やつ？
はい…
いやー
あれ…
え？
うちでは
出してないん
だよね

ここだけの話ね
あの新しいほうウチじゃ売れないのよ

そ そんなはずは
副支社長知らないの⁉

で それ営業の人に相談したら今まで通りの回してくれてさ

札幌工場ではまだ今まで通りの作ってるのよ
お土産とか季節限定商品とかのラインで
こないだまでふつうに売ってたのに
地域限定商品になっちゃうんだから変な話だよね

ライジンビール
あの…副支社長

我々に話というのは…？
営業部門担当者
生産部門責任者

あなた方ですね

お土産や季節限定商品と称して旧レシピのラインを残し
実際は希望する地元の飲食店などにこっそり回しているのは

いや…あの
それは…！
…申し訳ありません

ですが…お願いします
いままで支えてくれたお客様のためにも…
今のラインだけは残してくれませんか…！

わかって
います

……
…え？

ありがとう
あなたたちのおかげで気づけた

旧レシピのライジンビールを愛する人は
これまでの我々を支えてくれた人たちだ
理由もなく切り捨てていい人たちじゃない

旧レシピのライジンビールを愛する人は
他にもいっぱいいるはず
それを証明するんだ

とりあえず北海道地域だけでもプッシュしていくか？
バタン
関東方面でも知り合いのお店だけにでも卸すか？

いや…ダメだ…
会社全体を動かすような話にできないと…

ランダム化比較実験で因果関係実証すれば
正式な展開しちゃっていいってことですね！
当然ご存知ですよね
これで実証されれば反対する理由がないことも

そうだよ

ランダムに分けなきゃ
それにすでに盤石な北海道じゃ
効果も見えにくい
となれば！
バッ

ライジンビ
あれ？
樹下副支社長は？

樹下さんなら
急に仙台に出張に行きましたよ

仙台…？

先輩
ライジンビール仙台支社
急にお時間いただきましてありがとうございます

いや驚いたよ…お前北海道副支社長だって？
出世したなー

それより先輩！
パカッ

とんでもないっす
自分の無力さ噛みしめる毎日ですよ

せっかく就業時刻も過ぎたことですし
一杯つきあってもらえませんか？

おブラインドか
いいだろう
じゃあ
カチン
乾杯
！
樹下！これどこで？
さすが先輩一口で気づいた
実は北海道工場です
お土産用や地元の飲食店向けに
旧バージョンのレシピのものをまだ作ってるそうなんですよ

へえ
さすが
創業の地
だな
そこで
相談
なんです
けど…

おそらく
仙台支社でも
ご苦労されて
いるのでは
ないですか？
残念ながら
あれだけ
大々的に
マーケティング
予算を費やした
にもかかわらず
リニューアル後
当社のシェアは
少しずつ低下して
しまっています

……

ああ…
実を言うと
かなり苦戦
している

やっぱり
そうか…

パカッ
そこで
ひとつ
北海道物産展
物産展の
営業企画を
考えてきま
した

物産展？

北海道物産展といえば
全国の百貨店で鉄板の集客企画

それを仙台の飲食店で楽しめるよう北海道の食品メーカーさんとコラボをしかける
というのが企画の骨子になります

ほう…
そこでついでに北海道限定のライジンビールも扱ってもらうわけか！
はい…ですが

北海道版ライジンビールのご案内については
参加希望いただいたお店のうち
ランダムな半分の店だけにします

ん？
半分？

あ…えーとその…
生産量が間に合うか少し難しくて…

勇司さんってお客さんに対して誠実じゃないですか
絶対相手のためを思うでしょ？

いや……
違いますね…

誠実でありたいから
ですかね

誠実？

俺は正直以前のライジンビールに絶対の自信があります
だからこの企画も成功すると思っています…
ただ…
ザッ

これは一発限りの打ち上げ花火じゃなくて
きちんと因果関係を検証し
全国的に広げていくべきものだと思ってます

バッ
ここは俺に任せてもらえないでしょうか
……

具体的なスケジュールとオペレーションは
見えてんのか？

あ　はい
次のページ以降にまとめて…

わかった
やってみろ

はい！
ありがとうございます！

俺にできることはまだある！
ライジンビール
アイツと一緒にやってきた今の俺なら！

09

時系列分析による需要予測

データ分析の3つの役割

統計学を使ったデータ分析には大きく分けて3つの役割があります。それぞれを挙げると、

（1）現状を正確に把握すること
（2）対処すべき原因を探索したり検証したりすること
（3）「このままいくとどうなるか？」という予測を立てること

です。たとえばビジネスの世界で顧客満足度を調査したり、顧客ごとの売上だとかリピート率といったKPIを算出するのは（1）の現状把握のための分析です。本作の第3話～第5話にかけておこなった、統計モデルを当てはめてアウトカムと関連する説明変数を見つけたり、そこから考えられた施策のランダム化比較実験をおこなうといった使い方は、（2）の原因の探索や検証にあたります。

そしてそれだけでなく、「このままいくとどうなるか……」といった予測についても統計学

データ分析の３つの役割
海外のITツール関係のレポートではそれぞれ（1）記述的分析、（2）診断的分析、（3）予測的分析、と呼んでいるものも見たことがある。

（190ページより）

は役に立ちます。その目的でよく使われるのが第7話にも出てきた**時系列分析（時系列モデル）**と呼ばれる手法になります。

時系列分析の定義と特徴

時系列分析とは、簡単にいえば「分析データの単位が時間軸ごとになっている分析手法」ということになります。分析データの単位とは、たとえば第3話〜第4話で貴子が考えた統計モデルにおける「顧客」です。つまりこのときは「顧客ごとに購買金額の高いものと低いものの違いは何か」を求める分析をしました。これを「日ごと」とか「週ごと」とか「月ごと」といった時間軸で分析するための手法が時系列分析というわけです。

念のため補足しておくと、「予測のための分析」は必ずしも時系列分析だけでおこなわれるわけではありません。顧客ごとの分析でも予測に役立てることはできます。たとえば顧客ごとにコールセンターから電話をかけるとか、ダイレクトメールを郵送するといった状況で「どの顧客が反応してくれそうか」「どの顧客がこのままだと離反しそうか」といった予測値を役立てるということはしばしばおこなわれています。コールセンターから電話をかけるにしてもその時間分の人件費がかかりますし、ダイレクトメールを一通送るのにもコストがかかります。そういったリソースをどこに投下すべきかという判断を漫然とおこなうのではなく、データからの予測値に応じて最適化しましょう、というのはビジネス上有意義な考え方だといえるでしょう。

しかしそれでも予測のための分析で時系列分析がよく用いられるのは、「**誰（顧客に）対して**どれだけのリソース（人や物やお金）を使うのか」よりも、「**いつ**、どれだけのリソース（人や物やお金）が必要になるのか」という判断の正確性が求められる場面がビジネスの場には数多く存在しているからかもしれません。

第7話で出てきた工場の生産計画というのはまさにそうしたよい事例でしょう。現実に存在する大手ビール会社の状況から想像するに、ライジンビールも全国に数か所ほどの大きな工場でビールを生産しているはずです。第4話の会話によれば「埼玉に工場がある」とのことでしたので、関東地域で消費されるビールはここで一括して生産しているのではないかと考えられます。

工場の生産管理の立場から見れば、誰が飲むか、どこで飲まれるかはコントロールしようがありませんが、いつ、この工場でどれだけのビールを作って出荷するか、そのためにどれ

予測によるリソースの最適化

原因の探索のためのデータ分析のリサーチデザインにおいて「どうなるとうれしいか」というアウトカムの設定が重要だということはすでに述べたが、予測のための分析においては「何のリソースを最適化するためにいつの時点で何を予測するのか」というリサーチデザインが重要で、ここが考えられていないがため「正確な予測に対してただ一喜一憂するしかない」みたいな状況もたまにみかける。

だけの原材料を仕入れて、どれだけの時間生産ラインを確保して、どれだけの人数のパートタイムスタッフを集めなければいけないのか、といったことはちゃんと考えておかなければいけません。この予測を外すと、需要はあるのに品切れで機会損失がもったいないとか、逆に製品や原材料の在庫がだぶついてもったいないということになるかもしれません。こうした「いつどれだけ必要なのか」という予測をおこなううえで時系列分析は役立ちます。

なお、なぜこうした時間軸ごとの分析をわざわざ時系列分析と特別に呼ぶのかといえば、**時間軸に関するデータ同士の関係性について注意しなければいけないから**、というのがその理由になります。

先ほどの顧客ごとの分析であれ、第6話~第7話で出てきた社員ごとの分析であれ、商品ごとの分析や店舗ごとの分析であれ、分析データの単位（顧客、社員、商品や店舗）同士は「基本的に無関係」だと仮定してもそれほど大きな問題はありません。厳密にいえば、たまたま会員番号が９９９番と１０００番の顧客が「仲良く一緒にお店に来てるお友達同士だから買うものも似通っている」可能性もゼロではないかもしれませんが、必ずしも「分析データの単位に振られた番号の隣り合うもの同士に関係性があるか」が明らかでない以上、「そこはランダムな誤差と考えよう」としても問題ないはずです。また、もしどうしても気になるなら別途、「他の顧客との関係性」のような説明変数をわざわざ作るという手も考えられなくはありません。

一方で時間軸ごとの分析ではこうした考え方が成り立ちません。「会員番号が９９９番の顧客がいくつ買ったかと1000番の顧客がいくつ買ったかは無関係なものとして分析する」のと比べて、「昨日いくつ売れたかと今日いくつ売れるかは無関係なものとして分析する」といわれたらそれはさすがにちょっと……と素朴な感覚でダメな気がしてきませんでしょうか？おそらく「昨日ビールがめちゃくちゃ売れたんだったら今日もそれなりに売れるのでは……」という仮説も考えられますし、「昨日ビールが売れすぎたんだったらまだお店やお客さんの冷蔵庫にいっぱい残っているから逆に今日はあまり売れないのでは……」といった仮説も考えられます。こうした**前の時点の値と何かしらの形で関係しそう、というところにどう対処するのか、というのが時系列分析と呼ばれる手法群の意義**だといってもよいでしょう。

なお、仮に1日ごとの売れ行きを当てるとして、考慮すべき「前の時点の値」は昨日のものだけではありません。2日前だとか7日前だとかさまざまな時点との関係性を考えなければいけないかもしれないわけです。

時系列分析のパターンと手法

では仮にビール工場で月別の生産計画を立てるとして、それまでの時点の出荷数と来月の出荷数との関係性としてどのような仮説が考えられるでしょうか？　たとえばよく使われる時系列分析の手法では、以下のような仮説に基づきデータの当てはめをおこなうことができます。

（1）特定の月だと売れるとか特定の季節だと売れにくいなど、周期的に変動してる説
（2）前月売れていると今月それに応じて売れにくくなるとか、3か月前に売れているとそれに応じて今月売れやすくなるなど、前時点の売れ行きが参考になる説
（3）たとえば「先月から今月にかけて売れ行きが一定数伸びていると今後も継続的にそのペースで伸びていきそう」「先月から今月にかけての伸びが、先々月から先月にかけての伸びよりよいなら加速度的に伸びていきそう」といったような中長期的なトレンドを考えたほうがよさそう説
（4）ある月偶発的に予測を超えて売れすぎるようなことがあった場合、逆にその次の月にはその分落ち込むなどランダムな増減も考慮して予測したほうがいい説
（5）ある月の売れ行きはそれまでの時点との関係性だけでなく、その月あるいはその前の月にどれだけ広告出稿したかといった別の条件によっても左右される説

（1）については特に問題ないでしょう。夏だとビールがよく売れるとか、年末だとビールがよく売れるといったような周期性を考えるのはとても自然なことで、この周期性を**季節性（Seasonal）**と呼んだりします。

また、（2）についても、すでに説明した通り「勢いがある程度継続する」とか「需要を一部先食いしている」といった概念として理解できると思います。自分の前の時点の値自体が説明変数となる回帰分析のように考えられる、というところから、この考え方を**自己回帰（Autoregressive）**、と呼んだりします。

（3）についてはは少しややこしいところですが、たとえば「先月から今月にかけて売れ行きが一定数伸びていると今後も継続的にそのペースで伸びていきそう」といった中長期的なトレンドが考えられるのであれば、出荷数をそのまま時系列分析にかけるのではなく、いったん前時点との差に変換してから考えて、最終的にその差を合計したものとして予測を立ててもよいでしょう。このような考え方をおそらく「時点間の差をとって考えてから合計する」というような意味で**和分（Integrated）**と表現されたりします。なお、「先月から今月にかけての伸びが、先々月から先月にかけての伸びよりよいなら加速度的に伸びていきそう」といった加速度的なトレンドを考えたければ、一時点前との差ではなく「差の差」つまり「現時点の値と1時点前との差－1時点前と2時点前との差」のようなさらに複雑な差を考えることもできます。

また（4）についてですが、毎月の売れ行きについて「なぜか想定外に多い」「よくわからないけど少ない」といった話も当然想定されます。（3）で考えたように「前月からの安定的な伸びで～」というわけでもなく、純粋に予測不可能な形で増えたり減ったりする、そしてその影響の全てではないにせよいくばくかは後々の出荷数にも影響を及ぼすというのであれば、そちらも分析上考慮したほうがよいかもしれません。こうしたランダムなバラつきを考慮するとき、「とりあえず過去の3時点の平均値を取ってからグラフにプロットすると滑らかになる」みたいなことを我々はしばしばおこないますが、これを**移動平均（Moving Average）**と呼びます。そのためなのか、時系列分析でも「過去のランダムなバラつき方の合計を考慮する」といった場合にこのような表現をします。

というわけで、時系列分析について勉強すると、**ARモデル、ARMAモデル、ARIMAモデル、SARIMAモデル**などさまざまな手法が出てきますが、これらは全て（1）〜（4）のいずれれを考慮したものか、という頭文字を取ったものになります。たとえばARモデルは（2）の自己回帰（AutoRegressive）の部分のみ、ARMAモデルならそれに加えて移動平均（Moving Average）の部分も考慮し、ARIMAモデルは時点間の差や「差の差」同士の関係性を考える和分（Integrated）の考え方も含みます。SARIMAモデルはそこへさらに季節性（Seasonal）の要素を加味したものです。

またさらに**SARIMAXモデル**というのもありますが、これは最後の（5）に挙げた、時点間の値の関係性以外の説明変数の影響をSARIMAモデルに追加したものになります。このXというのは外生（eXogenous）変数の頭文字で、時点ごとの値がどう関係するかというメカニズムの外側にある条件、と考えておけばよいでしょう。たとえば各時点でどの程度の広告出稿をしたのか、というのが典型的な例で、SARIMAXモデルにより「自然な時系列による売れ行きの変動を考慮したうえでの媒体ごとの広告効果の検証をおこない、広告予算の分配を最適化する」といった分析がなされることもあります。使う分析手法はSARIMAXモデルあるいは後述の状態空間モデルでも、このような広告関係の使い方をする場合には特に**マーケティング・ミックス・モデリング**（略して**MMM**）と呼ばれます。マーケティング・ミックス・モデリングにより、たとえばテレビCM、交通広告、Web広告といった複数の媒体のうち、どこにどのような比率で予算を配分すると最も効率的に売上をアップ

ARモデル、ARMAモデル、ARIMAモデル、SARIMAモデル、SARIMAXモデル
「エーアールモデル」はたぶんほぼ全員アルファベットをそのまま読んでいる（たまに日本語訳して自己回帰モデルという人もいる）一方、それ以降は「エーアールエムエーモデル」「エーアルアイエムエーモデル」「エスエーアールアイエムエーモデル」みたいに頑なにアルファベット読みな人と、「アルマ／アリマ／サリマ／サリマックスモデル」と呼ぶ人もいて、あの流派がどこで分岐してるのかに関して個人的な興味がある。

できるのかを考えるというのが、広告代理店周辺でも最近流行っているようです。

ちなみに、こうした時系列分析手法の発展においては、統計家ジョージ・ボックスとグウィリム・ジェンキンスの貢献が大きかったことから、**ボックス＝ジェンキンス法**と総称されることもあります。

ボックス＝ジェンキンス法の枠組みでは、これらのメカニズムを考えた後の残りのバラつき方が「一定（定常）」と考えられるかどうかも大事になってくるため、データに対してそうした定常性を検討するところも含めて「時系列分析をどう進めるか」というお作法が整理されています。必ずしも常に最も複雑なSARIMAXモデルがベストというわけではなく、データをもとに季節性（Seasonal）部分を考慮する必要はあるのかどうか、和分（Integrated）の部分が必要なのかどうかといった検討を通して、最終的にはよりシンプルなモデル、たとえば意外と単純な自己回帰（AR）モデルでよかったじゃないか、ということも現実にはしばしば起こりえます。

また、「定常じゃない場合にどうするか」「もっと複雑なメカニズムを想定する場合どうすればいいか」という要望にこたえるべく、さらにそれを拡張した**状態空間モデル**と呼ばれるものも発明され、最近しばしば使われるようになっています。興味のある方、時系列の予測でお困りの方がいたら、ぜひボックス＝ジェンキンス法や状態空間モデルの勉強をしてみてください。

いずれにしても、こうした時系列分析がうまくはまれば、「このままいくと来月いくつ出荷することになるのか」といった予測は、多くの場合、従来の経験と勘による予測などよりかなり正確におこなうことができるでしょう。皆さんもヒトなりモノなり何かしらのリソースを最適化してコストダウンしなければいけない、となったときに備えて「統計学で予測をおこなう」という選択肢を覚えておいていただければ幸いです。

マンガ 統計学が最強の学問である

原作
西内啓
マンガ
うめ
（小沢高広・妹尾朝子）

第10話｜この数字に命を吹き込むのが私の役目です

はーい

日替わり2つとお刺身定食全部で2450円になります
おねえさん暗算速いですねー
ありがとうございましたー
算数だけは得意だったんで
タカちゃん今のうち休憩入っちゃいなー
はーい
パンッ
いただきます！

ガヤ
ガヤ
ガヤ
うまっ これも ぜったい ビール合う！
お仕事中の 方失礼 しまーす
お前も 仕事じゃ ねえかよ！

さあここで ご紹介 しましょう
仙台で 北海道フェアを 企画した 張本人

樹下さん です どうぞー
キノシタ…？
なんと 樹下さん あの ライジン ビールの
北海道支社 副支社長さん なんですよー

どうも
樹下です
ライジンビール北海道支社副支社長樹下勇司

今回のフェアについて
簡単に説明いたします

北海道は
ライジンビールにとって創業の地

会社の原点に立ち返るとともに北海道物産展という企画を通して
仙台の皆さまに北海道生まれのライジンビールと
地の食材のマリアージュを楽しんでいただければと考えております

なるほどー
ところでこれって昔のライジンビールじゃないですか？
北海道
SUNRISE BEER

懐かしー
ははは ありがとうございます

僕としても
このビールの本当の力を改めて知りたい

数字は
嘘をつきませんから

タカちゃん？どうしたんだい？

ライジンビール

カタ カタ カタ
トン トン
どうぞ

カタ カタ カタ

ギッ
いやぁ聞いたよ
大活躍じゃないか

!!

ちょっと
2人で話そうか

長岡専務…

北海道フェア
……だったかな？

大成功のようだね

え…ええ
おかげさまで…

私のまわりでも絶賛の嵐
さぞ気分がいいことだろう

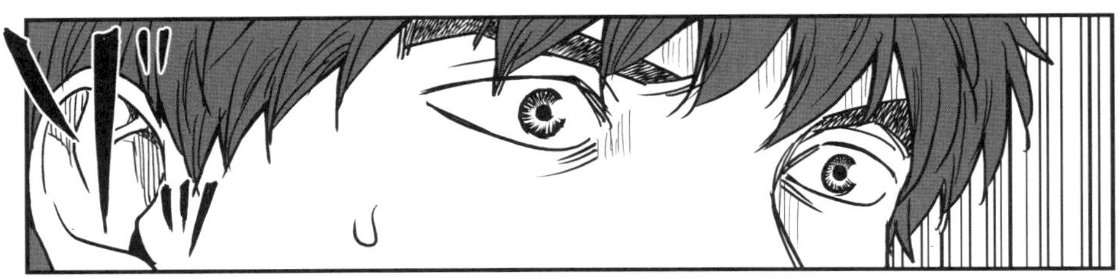

バ

ゴクッ
…お
お言葉ですが…

大成功の理由は
元々の伝統的なライジンビールに
それだけのポテンシャルがあったからだと思います

やれやれ…

北海道に栄転させてやった恩を
仇で返されるとはな

まってください
そんなつもりは…

君はもっとストレスフルな環境に
身を置く可能性だってあったんだ

ほら君たちの分析結果だよ
え？
苦手な仕事を
ムリなスケジュールで
周りから孤立させた状態でやらせれば
勝手に辞めていく……だったかな

まあ
とっくに
僕は
経験と勘で
知っていた
けどね

専務…
あなた
まさか…

君など
どうにでも
できるんだよ
僕は

経営が傾いて
外資に買収
されたら
何が起きるか
そう
社員の
リストラだよ

僕はその
汚れ役で
ここまで
偉くなった

……!

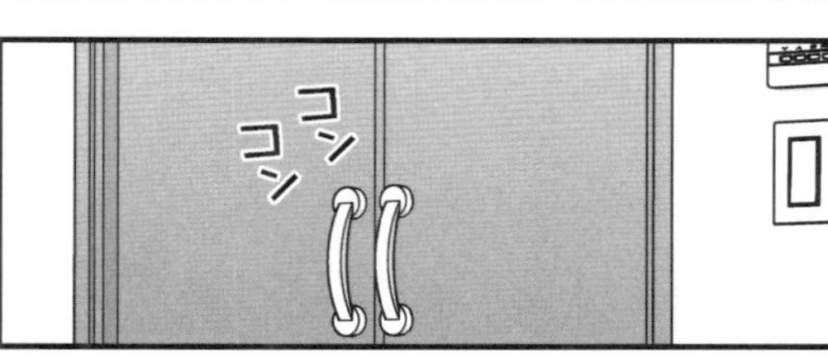
コン
コン

!?

失礼
します
ギッ

ん？
あっ

コツ
ごぶさた
してます

アポなしですけど
問題ないですよね？

大山!?

おまえいままで…
いや
どうしてここに？
ちょっとお話がありまして

君は…元派遣の？
たしか辞めたはずじゃ
そうです

今はただの
統計家です！

北海道物産展
トトトト
関連ニュースはすべて目を通してきました

ついでに飛行機の待ち時間
キャンペーンに参加したお店に電話して
色々とヒアリングも

…え？

特に仙台ローカルチェーンの半丸さん
本店に電話したら総店長さんが上機嫌で対応してくれました
経営会議で数字を見たところ…
昔のライジンビールを仕入れた店舗のビールの売上が
明らかによかったそうです
本当か！

ハハッ
そんなことのためにわざわざ北海道まで？

……

君らはまったくまだこりてないようだな

そんな数字僕ならどうとでもできることを
君らはよく知ってるだろう？

あいかわらず
なにもわかってませんね

なに？

社内で独自調査したたった1000人程度のデータと
今回の大規模な数字ではまったく話が違う
しかもこの数字はキャンペーンに参加した他社さんが握ってる

3ヶ月間
全店舗合計で
毎日
何千人も
来てくれた
証を
まさか握り
つぶせる
とでも？

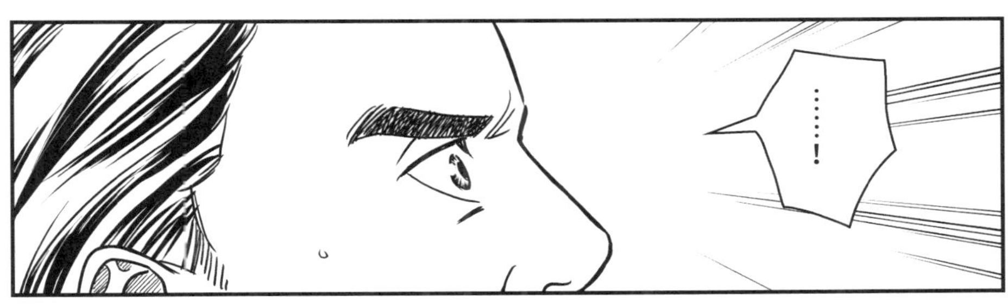
……！

今回
集まった
数字は
間違いなく
血の通った
数字です
コッ
コッ

今度
こそ
無駄には
したくない

自分に
都合のいい
結果を出す
ために
数字を
こねくり
回すような
人間に
データは
渡さない

この数字に
命を
吹き込むのが
私の
役目です

バカな！
君は
我が社とも
取引先とも
無関係だ！
ガタッ

見ず
知らずの
君に
大事な
データを
扱う資格
など…
では
取引先で
働きます
そうすれば
私も
関係者
です

それとも
帝大に
入り直して
大学との
共同研究
ということに
しましょうか

どっちにしろ
どんな手を使っても私
この結果を明るみに出します

ふざけるな！そんなこと絶対に…
専務！

彼女の言う通りです
何があっても今回の結果を社内で明らかにすべきです

貴様…
誰に向かってそんな口を…

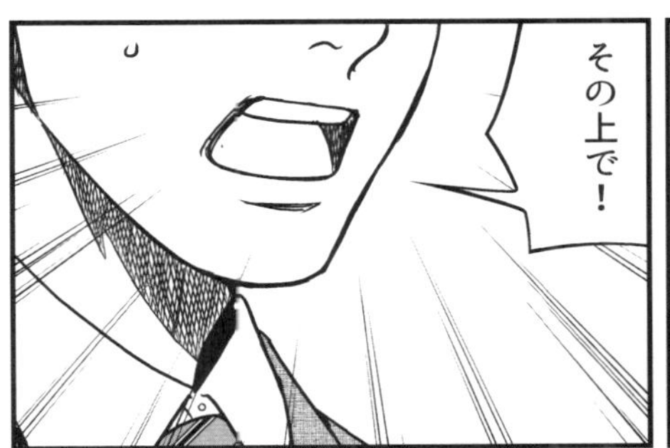
その上で！

今後
ライジン
ビールを
どうするかの
判断は
世論と
経営陣と
株主に
任せます

今日の
ところは
お引き取り
ください

10

ロジスティック回帰

「ヘヴィユーザーかどうか」「病気になるかならないか」がわかるロジスティック回帰

「統計学」に「計る」という漢字がついているためか定量的なデータのほうに目が行きがちですが、定性的なデータについてももちろん分析をすることができます。たとえば第4話の解説でお伝えしたように、「女性に該当するかどうか」といったような説明変数は「女性に該当するなら1、そうでなければ0」という風に変換する「ダミー変数」という考え方を導入することで解決できます。

これはアウトカム側についても同様であり、第7話で貴子は「ヘヴィユーザーかどうか」という定性的な特徴を持つかどうかについて、**ロジスティック回帰（分析）**という手法で分析しました。これがどういうことか、具体例を挙げて考えてみましょう。

おそらくこのデータはイメージ調査なので、ヘヴィユーザーかの判定に使える質問として、たとえば顧客に「あなたはライジンビールを好んでよく飲むほうだと思いますか？」という

ロジスティック回帰（分析）
「ロジスティック」は「物流」ではなく「記号論理学の」という意味。記号論理学の分野では「二値論理」と呼ばれる、該当する（true）か否（false）かという論理を扱うが、この二値論理に関するアウトカムを分析するための回帰分析であるという意味になる。

（193ページより）

質問をした状況が考えられます。シンプルにいえば「はい」か「いいえ」かで答えてもらってもかまいませんし、より細かくいえば「たいへんそう思う／そう思う／どちらかというとそう思う／どちらかというとそう思わない／そう思わない／まったくそう思わない」などといった形式で回答してもらい、上位2つの回答、つまり「たいへんそう思う」または「そう思う」と回答したものを後からヘヴィユーザーとして判定する方法もあります。

ただ、ここではいったん細かいことはおいておき、何かしらの定義で「ライジンビールを好んでよく飲む」人は1で、そうでない人は0というダミー変数を考え、これをアウトカムとしてみます。

次に説明変数はライジンビールという製品あるいはブランドに対するさまざまなイメージ調査の回答結果ですが、こちらに関してはたとえば「あなたが以下の文章を読んだときに、心のそこから強くそう思う場合には10点、まったくそう思わない場合には0点として10点満点で採点してください」といった聞き方をされ

図表10-1　愛着とヘヴィユーザーダミーとの関係

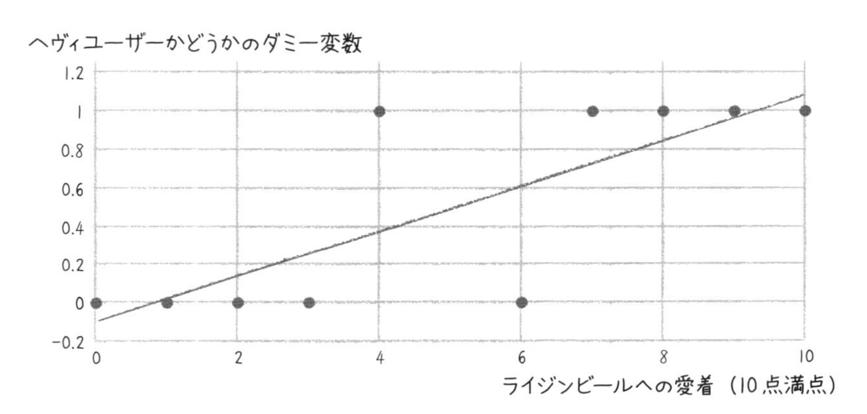

ることがあります。具体的に勇司のプレゼンから推測すると、「以下の文章」には「私はライジンビールに対して愛着を感じている」とか、「私はライジンビールに親しみを感じている」「ライジンビールはどちらかというと男らしさを感じるブランドである」といったものが含まれているのでしょう。

さて、これらのうち「私はライジンビールに対して愛着を感じている」という10点満点の説明変数を横軸に、ライジンビールを好んでよく飲むなら1でそうでなければ0というダミー変数を縦軸に取った場合に、（シンプルな数値例として）図表10－1のような感じの散布図が得られたとしましょう。

さらに、グラフ中には第4話の解説でお伝えしたのと同様の、単回帰分析によって得られた直線を引いておきましたが、これには少し変なところがあります。本来縦軸は「ヘヴィユーザーなら1でそうでなければ0」というたった2つの値しか取らないはずなのに、「愛着が0点の人はヘヴィユーザーかどうかがマイナス0・1」だとか「愛着が10点の場合にはヘヴィユーザーかどうかが1・1」だと考えられるというよくわからない結果が得られてしまっているわけです。

こうした事情もあって、**もともとあった説明変数とアウトカムの間の直線的な関係性を考える回帰分析（単回帰分析および重回帰分析）を拡張して、ロジスティック回帰という手法が考案され発展していきました。**たとえば医学の世界における**「病気になるかならないか」「死亡するか否か」**など、世の中には1か0かのダミー変数で表現されるべきアウトカムを考えなければいけない状況が意外と多いのでムリもありません。

ギャンブルでも使われる「オッズ」で考える

ではどういう手法がいいのか、と考えてみると、アウトカムが1か0かの間を取らない場合の回帰分析として、以下のような2点の数理的な性質があるととても使いやすくなります。

（1）単回帰分析や重回帰分析と同様に、「説明変数が1増えるごとに～」という関係性が何かしらの規則性をもって存在していること

（2）説明変数がどんな値を取ったとしても、統計モデルから予測されるアウトカムの値は

「病気になるかならないか」「死亡するか否か」
そもそもロジスティック回帰は、1948年に開始された米国の大規模な疫学研究である「フラミンガム研究」において、何らかの疾患や症状の「ある／なし」についての膨大なデータを分析するために考案されたものである。

図表10-2 ロジスティック回帰だと……

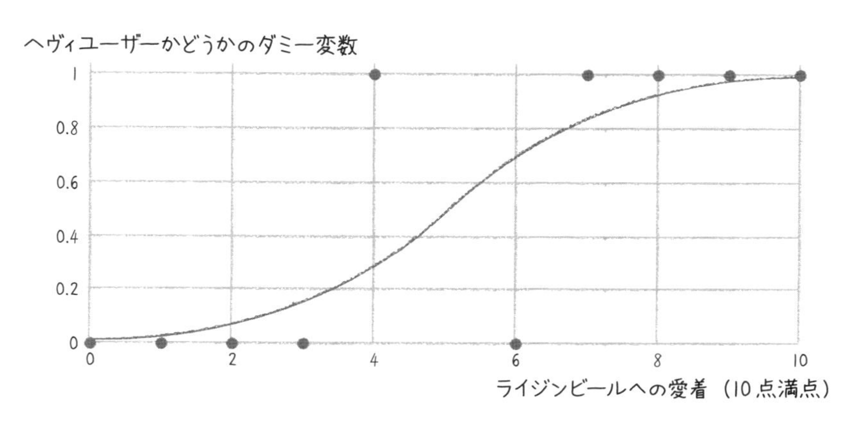

0～1の間になること

なぜかというと、（1）を満たすことで単回帰分析における「傾き（回帰係数）」のような1つの指標だけで説明変数とアウトカムの関連性の大きさや正負についてすぐに読み取ることができるようになりますし、（2）を満たすことで統計モデルからの予測値を「アウトカムが1になる確率」として解釈することができます。前述の単回帰分析をそのまま使ってしまった場合、（1）は満たせますが、（2）が満たせないので「ヘヴィユーザーかどうかがマイナス0・1」という解釈しにくい結果になってしまうわけですね。

ではどうすればいいかと考えた場合に、人を含む生き物の増え方や化学反応の進み方に使われていた数理モデルを応用することで、説明変数とアウトカムの関係を図表10－2のような感じの曲線で模すことができます。

微生物でも人間でも、多くの生き物は食べるものや安全に住める場所が潤沢に存在している限り「何倍かずつ」というペースで増加していきます。そうした状況で、たとえばある動物が1年間で10匹から20匹に増えた、というのであれば次の1年間で20匹から30匹に10匹ずつ増えそう、と考えるよりは20匹から40匹と同じく倍に増えるのでは、と考えるのは自然な発想でしょう。ただし、どこまでも増え続けられるか、というとおそらくそうではありません。「食べるものや安全に住める場所が潤沢に存在している」という前提がいつまで経っても満たされるものではないからです。そのため最初は「何倍かずつ」と増えてきたものの、個体数が増えてくるに従って食べ物や住む場所が不足すると少しずつ増加のペースは鈍化し、最終的にはこれ以上増えない、という限界を迎えることが考えられます。

この考え方を応用すれば「アウトカムが0に近いときには何倍かずつというペースで増加する」「徐々に増加のペースは鈍化する」「最終的にはアウトカムが1のあたりでこれ以上増えないという限界を迎える」という、いい感じの統計モデルを考えることができます。

数学的な部分が気になる方は本シリーズの『数学編』や『実践編』の該当箇所を読んでもらうとして、結論からいうとアウトカムが1になると考えられる確率をpとした場合に、「p÷（1－p）」つまり「該当する確率÷該当しない確率」という指標が、説明変数が1増えるごとに何倍かずつで増加する、と考えればこのような性質を満たすことができます。

数学的な部分
ロジスティック回帰の数学的な解説は『実践編』の第3章および巻末の補足と、『数学編』第6章に詳しく書いた。

なおこの「該当する確率÷該当しない確率」という指標はギャンブルなどでも使われる**「オッズ」**という指標と同様であり、「説明変数が1増えるごとにオッズが何倍になるか」というロジスティック回帰分析の結果を解釈するための指標を**オッズ比**と呼びます。

一応、なぜ「該当する確率÷該当しない確率」が何倍かずつに増加すると考える理由について、中高生でも頑張って検証できるくらいの説明をここでもしておきます。電卓片手に次の説明を追いかけてもらえれば、「アウトカムが0に近いときには該当する確率pが何倍かずつに増加する」「徐々に増加のペースは鈍化する」「最終的にはアウトカムが1のあたりでこれ以上増えないという限界を迎える」という性質が確認できるはずです。

まずヘヴィユーザーになる確率pがごく小さいとき、たとえば0・01ぐらいしかないときを考えてみましょう。この場合「該当しない確率はほぼ1」と考えることができ、「該当する確率÷該当しない確率」であるオッズは0・01÷0・99＝0・0101と、ほとんど確率とオッズが同じような値になります。よって当然オッズが何倍かずつに増加するペースと同じように、確率pも何倍かずつで増加することは容易に想像がつきます。

次に、「徐々に増加のペースが鈍化する」という状況についても考えてみましょう。たとえばヘヴィユーザーになる確率が0・2ぐらいになると、オッズは0・2÷0・8＝0・25と少し乖離してきます。仮にこのオッズが倍になるとしたら0・5という値になりますが、「該当する確率÷該当しない確率」が0・5になるのは、「1／3で該当して、2／3で該当しない」という状況なので、該当する確率は約0・333と、オッズが倍に増えても約1・667倍にしか増えないことになりますし、このペースは「該当する確率」が増えれば増えるほど鈍化してきます。

そして最後にヘヴィユーザーになる確率がほぼ1になる状況はどうでしょうか？　たとえば0・99といった値を考えてみると、そのオッズは99というこれまでよりかなり大きなものになります。それが倍になるとオッズは198と一見大きく増加したように見えますが、オッズがこのような値になる元の確率は約99・5％とそれほど変化があるわけではありません。ここまで来ると最初に考えた状況とは逆で、「該当する確率がほぼ1」と考えられますので、仮にオッズが100万だとか、1億だとか、そういった極端な値まで増加したとしても「該当しない確率が約100万分の1」とか「該当しない確率が約1億分の1」といった状況になるだけで、「最終的にはアウトカムが1のあたりでこれ以上増えないという限界を迎える」わけです。

「重回帰分析」との共通点

このような便利な数理的性質から、ロジスティック回帰分析はさまざまな分野で使われるようになりました。なお、「該当する確率÷該当しない確率」という指標が説明変数が1増えるごとに何倍かずつで増加する、という部分はそのまま、重回帰分析と同じように複数の説明変数とアウトカムの関係性を統計モデルで表せるようにも拡張されていますが、これをわざわざ「重ロジスティック回帰分析」などとはいわず、普通に「ロジスティック回帰分析」といえば複数の説明変数を用いたものも、説明変数が1つしかないものも含むというのが一般的な表現です。

オッズ比が1より大きければ「説明変数が1増えるごとにアウトカムは1になりやすい傾向にある」、逆にオッズ比が1より小さければ「説明変数が1増えるごとにアウトカムは1になりにくい傾向にある」と解釈されますし、それが統計的に誤差の範囲といえるようなものなのか、という点についてp値や95%信頼区間といったもので検討可能という点についても重回帰分析とまったく違いはありません。

統計学のことを本格的に勉強し始めたところ「いろんな用語が出てきて全部覚えるのがたいへんそう……」と思った方の話はしばしば聞きますし、自分自身暗記科目などが苦手なタイプだったので初めて統計学を勉強したときに同じような印象を持ったのですが、自分が統計学にハマったきっかけは**一般化線形モデル**という考え方に触れた結果「根幹の部分では同じことをやろうとしてるのだ」という視点を持ったことでした。それが『統計学が最強の学問である』の第5章から第6章にかけて伝えたかったことでもあり、『実践編』という本を通して詳しく説明したことでした。

図表10-3 一般化線形モデルをまとめた1枚の表

		分析軸（説明変数）			
		2グループ間の比較	多グループ間の比較	数値の多寡で比較	複数の変数で同時に比較
比較したいもの（結果変数）	連続値	平均値の違いをt検定	平均値の違いを分散分析	回帰分析	重回帰分析
	あり／なしなどの二値	集計表の記述とカイ二乗検定		ロジスティック回帰	

図表10－3は初代『統計学が最強の学問である』第5章で紹介した表を、本書と用語をそろえて再掲したものです。一般化線形モデルの考え方に基づいて、基礎統計学で習う手法を結果変数と説明変数がどのようなタイプのものなのかによって整理しており、「結局は同じことをやっている」と説明したものになります。

結果変数（本書の表現でいえばアウトカム）については「数値」なのか、「あり／なしなどの2つの値しか持たないもの」なのか。説明変数は「男女など2グループ間で比較」したいのか、「地域や職業などのように多グループ間で比較」したいのか、それとも「年齢や満足度などの数値」なのか、それともダミー変数なども含み「複数の要因を同時に考える」のか。そういったところが違うだけで、これらは「結局同じ」手法なのです。

分散分析とカイ二乗検定

分散分析は「グループ間のバラつき（分散）がグループ内のバラつき（分散）と比べて大きいといえるかどうか」を考えるという意味で統計学者ロナルド・フィッシャーによって名付けられ、χ二乗検定はフィッシャーと同時代の統計学者カール・ピアソンにより発明された。「χ」はアルファベットのxではなくギリシャ文字の「カイ」だが、「標準正規分布に従う変数xを二乗したものを足し合わせたやつ」であるχ二乗分布を使うということに由来した名前である。

マンガ 統計学が最強の学問である

原作
西内啓
マンガ
うめ
(小沢高広・妹尾朝子)

第11話 数字にウソをついちゃいけない

ザッ
お前みたいな二流大学出が新製品の企画？
百年早い
好きな仕事やりたきゃ
さっさと偉くなるんだな
いいだろう…
ギリッ
何をしてでも俺は偉くなってやる…
同僚の手柄は
自分のものにすればいい
上司の不正は
タイミングよくリークすればいい
ビアバーボウズ
閉店のお知らせ
長い間ご愛顧いただきま
ありがとうございました。
勝手ながら、当店は今月
だってそうだろう？

正直にやって報われるほど
世の中甘くない
新社長がリストラを進めたいというなら
可哀想な社員だって追い詰める
そうやってここまで来たんだ
なのに……

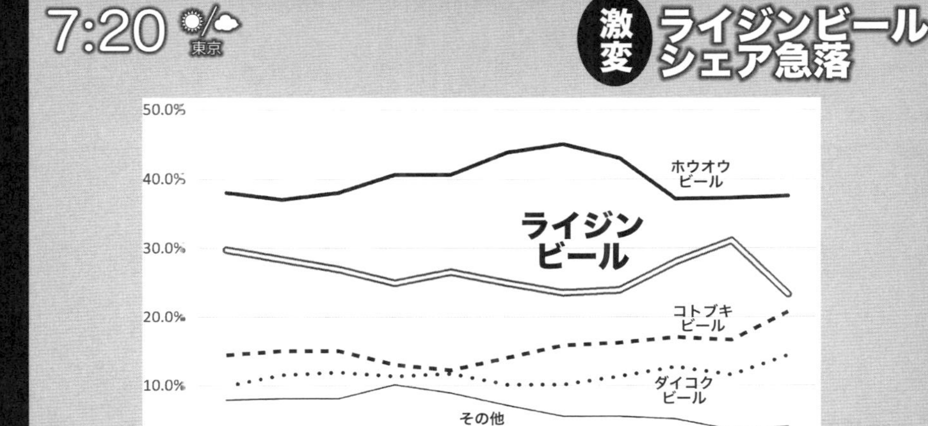
7:20
東京
激変
ライジンビールシェア急落
50.0%
40.0%
30.0%
20.0%
10.0%
0.0%
ホウオウビール
ライジンビール
コトブキビール
ダイコクビール
その他
専門家「主力製品のリニューアルが裏目に」

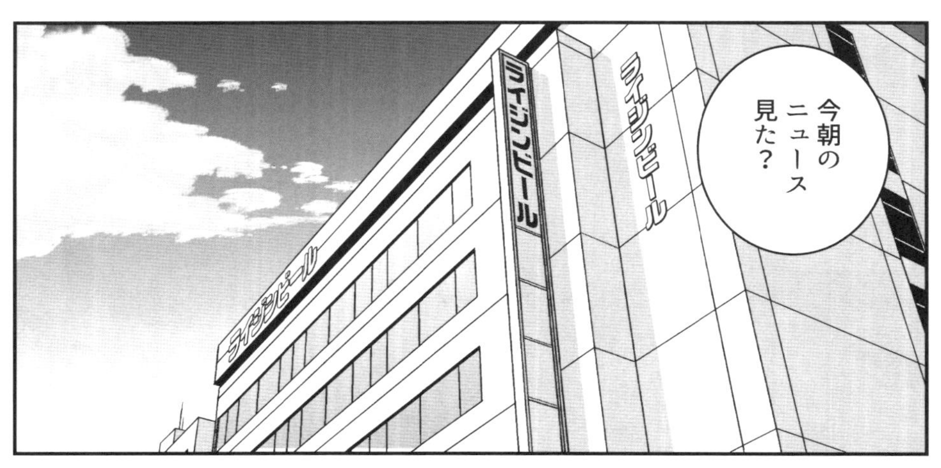
ライジンビール
ライジンビール
ライジンビール
今朝のニュース見た？

うちのシェアヤバいんだって？
えー！あれだけバンバンテレビCM打ってたのに？

ていうかあのCMもビミョーだったでしょ

今年のボーナス大丈夫かな
マジ勘弁して欲しいわー

リニューアルって専務のゴリ押しだよね？
やばくない？専務

ゴォォォ
なんだ
これは!
うちの
広報は何を
考えている!?
バザッ

どうかいたしましたか?
その記事だ!

何でこのタイミングで
一地方支社の取組が取り上げられているんだ!

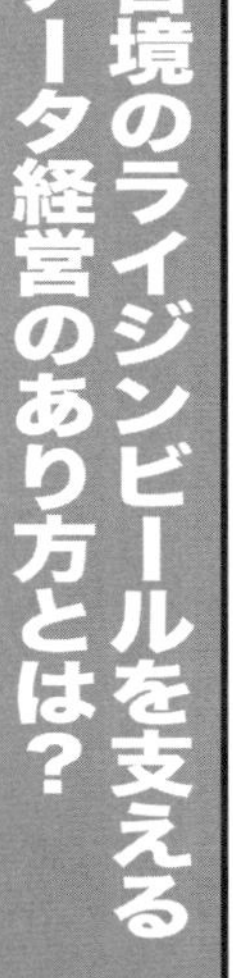
苦境のライジンビールを支える
データ経営のあり方とは?

ライジンビール
北海道支社副支社長　樹下勇司

おそらく四半期決算が出るタイミングで
少しでも好材料をという意図ではないかと…

今この瞬間にもライジンビールは、

旨くなってる。

ははは実は
ビール業界ほど統計学と縁の深い業界も珍しいんですよ
その効果が全国的に通用するレベルのものなのか
それともただの誤差なのか
検証する必要がありました
…といいますと？
まず今回仙台で行ったキャンペーンです
なるほど
その検証にはt検定という手法を用いました
この手法自体はエクセルでもできる初歩的なものなんですが
実はt検定のもとになっている論文は
百年以上前にギネスビールの社員が発表したものなんです
GUINNESS
え？
ギネスビールの社員？

麦芽汁に酵母液をどれぐらい入れるべきか
限られた回数の検査で正確に考えたかったとか…
なるほど美味しいビールは昔からデータが支えていたと
弊社の研究開発や製造の部署でも
味や風味顧客の満足度あるいは製品の品質について徹底的にデータを駆使していています
はい
開発や製造のチームは少しでも美味しいビールを飲んでもらうべく
今この瞬間にもデータを駆使していろいろな工夫を重ねています
だったらそれをお客様に届ける我々営業チームも
誠実にデータと向き合わなくては

「今この瞬間にも」
「いろいろな工夫を」

この言葉……

一部路線だけ特別にご提供しておりまして5百円でおつまみつきとなっております
じゃあふたつお願いします
……

へーこの飛行機昔のライジンビール飲めるんですね
はい

ああすみません
僕にもひとつ頂けますか？

どうぞ
ありがとう
専務まだこのあと会議が…

トクトクトクトク
スン
グッ
!
いつからだ
はい?
僕が若い頃に飲んだライジンビールとは
クオリティが全く別ものじゃないか…
な?
旨いだろ?
そう
あれは…

世界中のビール屋が今この瞬間にも新しい工夫ガンガンしまくってるんだから
飲まないと損だよな！

俺にクラフトビールの美味しさを教えてくれた
マスターの言葉……

…ではマーケティングプランについては
抜本的に見直すという方向で

そして次が本日最後の議題ですが…
長岡専務からお願いします
今進めているプロジェクトの
はい
今後の展開ですが…
苦境のライジンビールを支
データ経営のあり方とは？

……

数字にウソついちゃ

フッ

どうか？
いえ 実は

今年度
いっぱいの
任期満了を
もちまして
私は
退任させて
いただきます

シ
え……
ン

長岡専務
からは
来期の構想の
話もあった
だけに
唐突な
印象を受け
ましたが…

数字上は
確かにそうかも
しれませんが…
最近の
株価を
見ても
市場の
失望感は
明らか
でしょう

私の
推進していた
リニューアルの
結果
莫大な広告
宣伝費を
かけたにも
かかわらず
シェアを
大きく
落として
います

これはただの数字じゃない
その向こうにいる株主の方々を無視するわけにもいきません

今回の件は
私なりのケジメです

……
近年の経営立て直しにおいて
長岡さんが発揮してくれたリーダーシップには
たいへん感謝しています

本人もこう言ってることだし
彼が次のステージに進むことを祝福しましょう

パチ パチ
パチ パチ
パチ パチ

カッ
カッ
専務！
カッ

やぁ副支社長
記事読んだよ
旧製品の支持は圧倒的だな
聞きました退任の件
すみません…
俺たちのせいで…
おいおい
同情で謝るとは失礼な奴だな

君は誠実でありたいんだろ？

だったら行けるところまで貫きなさい
こんな年寄りに気を遣う必要などない

……

…はい！

大丈夫君が思っている以上に
うちの退職慰労金はいい額だから
それを元手に商売はじめるつもりだ

商売？
クラフトビールの輸入販売を手がけようと思ってね

まあ君は
知らないかもしれないけど

今この瞬間にも
世界では旨いビールが生まれているんだ

勉強になります

あー…いやまあ
それは覚悟のうちです

それよりこれから大変なのは君だぞ
スタンドプレイしまくったせいで
たぶんまたどこかに飛ばされる

そうか

今のうちにやるべきことがあったらやっておきなさい
はい
じゃあ
バッ
お世話になりました！
そう…
俺にはまだ
やるべきことがある…

11

データ分析の結果をアクションに結びつける

世の統計学の本に分析する方法は載っていても、分析結果の活かし方というのはあまり言及されていませんが、過去私がさまざまなデータ活用のプロジェクトを経験してきた結果、実はある程度のパターンがあるのではないかと思っています。第9話の解説ではデータ分析の役割として、

（1）現状を正確に把握する
（2）対処すべき原因を探索したり検証したりする
（3）「このままいくとどうなるか」という予測を立てる

の3つを説明しましたが、このそれぞれについて分けて説明していきましょう。

現状把握ができた後のアクション

まず（1）の現状把握について、機会や課題の大きさを把握したり、条件別に比べたりすることができるのであれば、それに応じて取り組む優先順位を変えましょう、というのが基本的なその活かし方になります。たとえば医学の世界で、「何人の人が何の病気になっている

か」とか「何人の人が何の病気で亡くなっているか」とか「それらを性年代別に見るとどういった違いがあるか」といった情報を正確に現状把握するような研究のことを「記述疫学」と呼んだりします。ビジネスの世界でも「何人の顧客がどの商品をいくつ買っているか」とか「何人の顧客がどこに満足しているか」「それらを性年代別に見るとどういった違いがあるか」といったデータベースのモニタリングやアンケート調査をおこなったりすることがありますが、これも概ね同じような方向のデータの使い方だといえるでしょう。

こうした集計結果を目の前にして、多くの大人が何か考えてそうな表情を見せて「なるほど参考になりました」といい、特に何も活かしていないという場を見かけることがこれまで何度かありました。これはとてももったいないことです。第2話で倉田課長が示していたグラフもまさにこの現状把握のためのデータの使い方ですが、キレイにまとめられたデータを見ても「よくわかりません」「よくわかりませんが頑張ります」としかいえないのでは、結局のところデータを活用できているとはいえません。

データで現状把握ができたのであれば、最低限、課題の優先順位について考えてみましょう。たとえば近代看護教育の母として有名なフローレンス・ナイチンゲールは、しばしば「**医療統計学**の先駆者」と紹介されることもあります。彼女の大きな功績の1つは「クリミア戦争で亡くなる兵士のデータをちゃんと取って把握した結果、銃弾で直接的に亡くなっている兵士より、不衛生な環境のせいで感染症を起こしている人が多いことを政府要人に示し、軍さらに社会全体での衛生状態の改善を働きかけたことです。これも1つの「課題の優先順位

医療統計学

ナイチンゲールに限らず、統計学と医療とは切っても切れない関係を持つ。『統計学が最強の学問である』の第1章では、19世紀ロンドンでコレラ対策に奮闘した、「疫学の父」ジョン・スノウについて解説している。

付け」ということになるでしょう。

優先順位が決まると、いろいろなものの振り分け方が変わってきます。対策のための予算や人員といったものも確実に変わりますが、それ以外に「社会の関心」や「関係者の注意力」、そして「政策的な議論に費やす時間」といったものの使い方も大きく変わってくるでしょう。

これをビジネスに置き換えるなら、データから把握された機会や課題の大きさに対して、予算、人員、社員の関心や注意力、経営面および管理面で費やす時間は、適正だといえるでしょうか。大きなチャンスや深刻な課題については優先的に取り組み、そうでもないものについてはそれなりに取り組む、ということができるだけでもビジネスを改善できる余地は大いにあります。

先ほどのナイチンゲールの例でいえば、銃砲の性能や銃弾の量について関係者の頭を悩ませるよりも、圧倒的に兵士の生活環境の清潔さに関係者の関心を向け、予算を使うことを優先すべきと考えた結果、イギリス軍の事態は大きく改善したことになります。私たちの仕事においても「なんとなく」と取り組む機会や課題の優先度を決めるのではなく、きちんとデータに基づいて最優先で取り組むことを決めたいものです。

対処すべき原因を探索したり検証したりするときのアクション

ただ、優先的に取り組むべき機会や課題がわかったとして、関係者が多少頭を悩ませたぐらいですぐに解決するようなものばかりとは限りません。また頭を悩ませた結果、「なんとなくこれをやれば解決しそう」という対策があまり効果のないものだったり、むしろ逆効果になってしまうようなものだったりもするかもしれません。そこでやるのが次の、「対処すべき原因を探索したり検証したりすること」という統計学の使い方になります。

先ほど、医学における現状把握のためにおこなう研究として記述疫学と呼ばれるものがあると述べましたが、それ以外にも統計学を応用して「なぜこの病気になるかという理由を探すような研究」のことを「分析疫学」と呼んだり、ランダム化比較実験などを使って因果関係を検証しようというものを「介入疫学」と呼んだりすることがあります。

これと同様に「機会や課題に対してどのように取り組めばよいのか」という施策のヒントを探るためにデータ分析の結果から探索的データ分析をおこなったり、そこから見えてきた施策が本当に効果を発揮したのかを知るためにランダム化比較実験で検証的データ分析をおこなったりする、というのが第3話~第5話にかけて勇司と貴子がやってきた流れになります。

この分析結果が得られたとき、より具体的にいえば「売上などのアウトカムと、ただの誤差といいにくいレベルで関係している説明変数が見つかってきた」ときにどのような施策を考えるべきか、というのもあまり本などには書かれていません。が、私のこれまでの経験でいうと**「変える」**か**「狙う」**か**「大丈夫にする」**かの3パターンに集約されるのではないか、と考えています。

たとえば第4話で勇司がプレゼンした分析結果は、女性であったり、30～40代であったり、来店に占める土曜日の割合が高かったり、購買商品に占める惣菜、おもちゃ、精肉の割合が高かったりした場合にはライジンビールをよく買ってくれている、といった結果が出ていました。

こうした結果に対して、**「変える」**施策とはどういうものでしょうか？　たとえばこれまでほとんど土曜日に来店してくれていない顧客を「土曜日によく来てくれるようにする」とか、これまでほとんど惣菜や精肉を買ったことのない顧客を「惣菜や精肉をよく買うようにする」という変化を与えるためにどうすればよいかを考えてみる、というのが「変える」という方向の施策のアイディアになります。

たとえば平日の来店客に土曜日のセールに関するチラシを渡してみるとか、カップラーメンやレトルト食品などしか買わない顧客に、「ちょい足しトッピング商品」や「おつまみ」という位置づけで、唐揚げなどの惣菜のクーポンを渡してみてもよいかもしれません。もし自分たちがまだ気づいていなかった「土曜日に来れば来るほどライジンビールを買いやすくなる仕組み」とか「惣菜や精肉を買えば買うほどライジンビールを買いやすくなる仕組み」が存在するのであれば、こうした施策によってライジンビールの売上を伸ばすことに繋がるかもしれません。なぜならサイマート全体で土曜日の来店比率や惣菜や精肉の購買率が変化するため、それが間接的にライジンビールの売上増に影響すると考えられるからです。

もちろんその後のランダム化比較実験の結果、「ただの相関であり因果関係ではなかった」

（101ページより）

という検証結果になることも想定されますが、あくまでそれはその後のステップで検証すべき話です。少なくとも分析結果の解釈時には因果関係を厳密に議論することよりも、「この説明変数がどのような仕組みでアウトカムと関係しているのか」という仮説を考え、そこから「どうすればこの説明変数の条件を変えることができるのか」というアイディアをたくさん出すことのほうがデータ分析は大きなパワーを発揮しやすいのではないかと個人的に思っています。

たとえば「平日の来店時にはその日の夕食の買い物だけで精一杯だが、比較的リラックスして家で過ごせる土曜日に買い物に来る顧客はついライジンビールも多めに買ってしまう」のかもしれません。あるいは、「外食しなくても美味しい惣菜が家で食べられることに気づいた顧客は、飲み会よりもコストパフォーマンスの高い家飲みにハマり、プレミアム系のライジンビールもむしろ店で飲むより合理的なお買い物だと感じる」といった流れがあるのかもしれません。そうした仮説が考えられるのであれば、少なくともそれらの説明変数を変えるような施策を考えて、さっさとランダム化比較実験で検証するというのがおすすめです。

一方で、分析結果としては出てきたが容易に変えられるものではない、という説明変数も存在しています。たとえば性別や年代などは多くの顧客データに存在していますが、これらは「変える」ことがそうそうできるものではありません。マーケティング目的で顧客に性転換を強要できるはずもありませんし、タイムマシンでもなければ顧客の年齢を変えることは不可能でしょう。また惣菜や精肉といったある程度誰でも買う可能性のあるものと違い、「（スーパーマーケットの）購買商品に占めるおもちゃの割合」といったものはそうそう変えられるものでもないかもしれません。おそらく、家庭にある一定年齢の子どもがいなければそもそも売り場自体に近づきませんし、いくらプロモーションに力を入れようと「久しぶりに買ってみようか」となることも期待できません。これはおそらく「家に小さいお子さんがいる」という、データの中には直接存在していない情報を代替しているような説明変数だとも考えられるのかもしれません。

このように、変える方向の施策が考えにくい説明変数については**「狙う」**という方向での施策を考えてみましょう。たとえばマーケティング面でここから千人の顧客を集客しようという際に、その内訳としていかに優良顧客が高密度に含まれている千人にするか、というのも1つの「狙う」施策です。

「狙う」アクション

フィリップ・コトラーなどのマーケティングの教科書にはしばしばマーケティングにおけるSTP（セグメンテーション・ターゲティング・ポジショニング）の重要性が言及されるが、単に性別・年代・地域といった古典的なセグメントではなく「意外な最重要顧客層」を見つけてターゲティングしていくのもデータ分析の大事な役割である。

先ほどの分析結果でいえば「30〜40代で小さな子どものいる女性」のライジンビールの購買金額が高いと考えることができますので、同じ千人でもこうした人を千人集客できれば比較的大きな売上が見込めます。あるいは「数％ほど購買意欲を向上させるような施策」が企画できるとして、もともとライジンビールをたくさん買っている人たちの購買意欲を向上させるべきか、それともほとんど買っていなかった人たちの購買意欲を向上させるべきかと考えれば、おそらく前者のほうが「数％の購買意欲向上」のインパクトが大きくなりそうだとも考えられます。

だとすれば、データからわかった優良顧客を狙って、そうした人たちに刺さるような企画を考えましょうというのも1つの考え方になります。第4話で勇司が考えた企画もまさにそうした発想でしょう。彼はデータ分析に加えて現地での観察やインタビューを経て「30〜40代で小さな子どもがいて土曜に惣菜や精肉をよく買いに来る女性」といったサイマートの顧客向けに刺さる企画を考えました。

そして最後の**「大丈夫にする」**という施策ですが、これは少しトリッキーな逆転の発想が求められます。たとえば属性として「30〜40代で小さな子どものいる女性がライジンビールをよく買っている」のであれば、その裏返しとして「50代以上の独居男性はあまりライジンビールを買っていない」と解釈することもできるでしょう。データ分析の結果として強みとなりうる関係性は「そのように変えたり狙ったりする」というアクションが直接的に検討できますが、逆に弱みとなりうる関係性については「頑張ります！」とか「気をつけます！」

の一言で片づけられたりしがちです。
　では具体的にどう頑張ったり気をつけたりすればいいのか、と考えると、そのネガティブな関係性を「大丈夫にしてあげる」というのが大事になってきます。たとえば、50代以上の独居男性はなぜライジンビールをあまり買わないのでしょうか？　そもそもそんなニーズがないから、というのであれば諦めるしかありませんが、「ニーズはあるけど買いにくい」という理由があるのであれば、それを解決することでこれまで取れていなかった新たな顧客層をサイマートは取り込める可能性があります。たとえば健康上の理由で医者に止められているとか、体力が落ちてきてスーパーでビールをまとめ買いするのが重くてしんどいとか、そもそも外食中心で自宅でお酒を飲まなくなった、などの理由が考えられるかもしれません。
　そうした具体的な理由にフォーカスすれば、ノンアルコールビールを訴求するとか、帰宅中の50代男性に毎日その日の分のビールを買って晩酌をするライフスタイルを訴求するとかいう施策を通して、「本来マーケティング面で不利な50代以上の独居男性でも大丈夫にする」ことが実現できるかもしれません。

　ちなみに、この変える、狙う、大丈夫にする、という施策の方向性はまったく別のものというわけではなく、１つの施策で複数のものを組み合わせてもかまいません。たとえば「30～40代で小さな子どものいる女性」を狙ったうえで、「おうち焼き肉の便利さと美味しさを訴求することで精肉が買われるように変える」という施策を打ってもかまいません。
　あるいは、「50代以上の独居男性（のマーケティング面での不利さ）を大丈夫にする」ために、「でき立て惣菜での晩酌習慣を訴求する」ことで「惣菜を買う割合を変える」という施策を打ってもよいわけです。

おそらく同じ説明変数を変えようとする施策でも、想定するターゲットによって訴求すべきメッセージや作るべきマテリアル（ポスターやチラシなど）のデザインは大きく異なってくることでしょう。これらがデータ分析をしてアクションを考える、という際の大きなウェイトを占めます。

「このままいくとどうなるか」という予測を立てた後のアクション

そして最後に、（3）「このままいくとどうなるか」という予測を立てるような分析をおこなった場合のアクションですが、これについては基本的に「**予測値に応じてリソースを最適化しましょう**」ということになります。なお、この場合のリソースとは前述の「経営面および管理面で費やす時間」といったものよりさらに具体的に、「余らせるとコストがもったいない」「足りないと機会損失がもったいない」といった直接的にお金へ換算しやすいようなものであることが多くなります。

たとえば製造業であれば、仕入れる原材料や製造した商品。流通小売業などであれば、仕入れたり棚に並べたりする製品。というのが代表的な最適化すべきリソースの1つです。特

（192ページより）　（191ページより）

に生鮮食料品のようにすぐ傷んでしまうとか、モデルチェンジが頻繁に起こって数か月で値段が下がってしまうようなものほどこの問題はシビアでしょう。

またモノ以外でも、生産や販売、サービスのためにどれだけの人員を確保しておくかといった人員数も重要なリソースですし、ITの世界ではコンピューティングのための計算リソースがどれだけ必要になるか、ということを予測しなければならないこともあります。第7話でビールの生産計画を適正化するためにおこなったのは典型的な予測による最適化ですし、同じく第7話でおこなわれた「物件の属性から坪あたりの売上を予測する」といったプロジェクトも、出店に使うための予算という限られたリソースを予測に応じて最適化するものといってもよいかもしれません。

いずれにしても、あらかじめ知りたいタイミングまでにデータから満足のいく精度で需要の

（191ページより）

（190ページより）

予測ができていれば、それに合わせてリソースを絞ったり、多めに確保したりという判断の精度が上がります。それによって何かを余らせなくなればその分だけコストやキャッシュフローが改善しますし、不足することによる機会損失を避けることができます。これが予測的な分析に対するリソースを最適化するというアクションの方向性です。

このように、**「優先順位を決める」「変える」「狙う」「大丈夫にする」「最適化する」という考え方だけで、私がこれまでに見聞きしたデータ分析からのアクションは全て説明がつきます。**

みなさんも今後データ分析の結果を目にすることがあったら、ぜひこのことを思い返して「何のアクションにも繋がらない」という状況から脱却していただければ幸いです。

マンガ 統計学が最強の学問である

原作
西内啓

マンガ
うめ
（小沢高広・妹尾朝子）

第12話　統計学、マジ最強じゃないですか？

長岡専務の予想通り

俺は海外異動になった
出発 출발편
定刻 정각
変更時刻 변경
行先 행선지
デンパサー
バンコク

その決定に不満はない
…といえば嘘になるが
やるべきことはやったという自負はある

ひとつ心残りがあるとすれば――

数日前
帝都大学経済学系研究科開発経済学教室
教授
本日はお忙しい中ありがとうございます

ライジンビールさんには
うちの生徒がたいへんお世話になったそうで
とんでもない
彼女には助けてもらってばかりでしたよ
それであの…
ご相談なんですが！
ザッ
え？
大山貴子の再入学を
ザザ
認めていただけませんでしょうか！
バッ
……は？
再入学？
大学の規則も全部チェックしました
ガサ
ガサ

一度退学した学生でも本人が志願すれば
選考の上で再入学を認めることができるとか！
いやもちろん私も彼女の復学を願っていますが
残念ながら…
彼女がデータの不正なんかするはずないんです！
当時の状況をよく調べてもらえれば！
樹下さん落ち着いて
退学してもない学生を
再入学させることはできませんよ
いやそこをなんとか！
……はい？
データの不正の件ですが
私たちも学生たちに聞き取りを行い
当時の彼女の濡れ衣はとっくに晴れています

彼女にはかわいそうなことをしてしまった
なので彼女の進路については私の勝手なお節介で
休学の手続きを取らせてもらってます
……
休学できる期間にも限りがありますし
これぱっかりは本人がやる気にならないと
そのことは彼女にも連絡したんですが
メールも電話も拒否してるのか
今のところ返事がなくて
最近久しぶりに統計学の勉強が楽しくなってきたんですよ
こんな風に役に立てるなら…って

やる気なら……
大丈夫だと思います
あとはきっかけかと
それともう一点
こちらなのですが
スッ
…ほう
パラ
パラ
これが僕なりの
彼女のしてくれた仕事に対する
誠意のつもりです
今こそ何とか先生の方から
ご支援頂けませんでしょうか!
…なるほど

わかりました
ここまでして頂くからには
私も頑張らないといけませんな

実は彼女が出入りしてそうな場所にひとつ心当たりがあります
よろしくお願いします！

ザワ
ザワ
バンコク行き643便にご搭乗のお客様はー
ザワ

俺にできるのはここまでだ
あとは大山
お前次第だ
勇司さん！
えっ

探しましたよ！
なんで黙って行っちゃうんですか!?

大山！

よくここがわかったな
もう汗だくですよ！

全部聞きました
お礼くらい言わせてください！

お礼？
…てことは
ザワザワザワ

そうか
復学……
したのか
はい

いつも行く
区立図書館の
前で
教授に
捕まりました

そうか
それは
よかった

それで
データ改ざん
疑惑の
調査結果と
今後の話を
あれこれ…

産学連携の
話も
聞きました
ライジン
ビールと
帝大の間で
匿名化した
上で
データ共有
できたり
海外拠点で
一緒に調査を
行ったり
論文にしたり
できるように
なるんですよ
ね？

個別の事例については
そのつど調整が必要になるが
少なくとも俺が日本を離れてからも
会社にオフィシャルな窓口ができる

いやー
短期間にここまで社内調整するの
マジでたいへんだったー
…なんでそこまで

半分は完璧にビジネス的判断だよ
これから会社としてデータ活用を進めなければいけないが
正直社内の人材は全く足りない

だから大学に金銭面と研究面での対価を提供しつつ
専門家にデータ分析を頼める枠組みを作っておくのは
会社にとっても悪い話じゃない

…もう半分は？

まあ
いちおう
君への
誠意…
とか？

すでに社内で
頼みたい案件が
いくつかある
それらを
受けて
くれれば
たぶん学費や
生活費に
困ることは
ないと思う

……

数字嫌いだった
俺でさえ
ここまで
変わったんだ
君がもっと
勉強して
実績を積んだら

それこそ
世の中が
変わる
君には
そういう未来が
あると思う
これは…

俺の願いでも
あるんだ

これからも
統計学を学び続けてほしい

……はい

さて
そろそろ
飛行機の
時間だ

勇司さん
バンコクに
行っても
頑張って
下さいね

ああ
君の活躍も
楽しみに
してるよ

一年前は

ゴ
自分が
データ分析だ
なんてものに
関わるなんて
思っても
みなかった
オ
オ
オ
オ

データの向こうに
血の通った人がいるだなんてこと
カンパーイ

想像してもなかった

たぶんこの一年の経験は
俺の人生を大きく変えたのだろう

なぜなら
彼女が教えてくれた通り――

統計学は
最強
だからだ

タイ・バンコク
パコーーン
ナイス
ショット！

社長
先日社長から頂いたアドバイスのお陰で
コツが掴めてきましたよ！
タイのビジネスが右も左もわからない自分に
ご指導下さりありがとうございます
ははは
ユウジさんはセンスがいいから
先日御社のホテルチェーンで企画させて頂いた日本フェアも
ずいぶんとご好評頂いたようで本当に助かりました
いえいえ
これからもよろしくお願いしますよ
こちらこそ
ブブッ
ブブッ
おっと失礼
ブブッ
日本からだ
はい樹下

はい
ええ
そうです
はい？

え
本社が今そんなことに！

…はい
私は今バンコクオフィスの所属ですが…
…なるほど

わかりました
直々のご指名とのことで
お手伝いさせて頂ければ幸いです
ただ

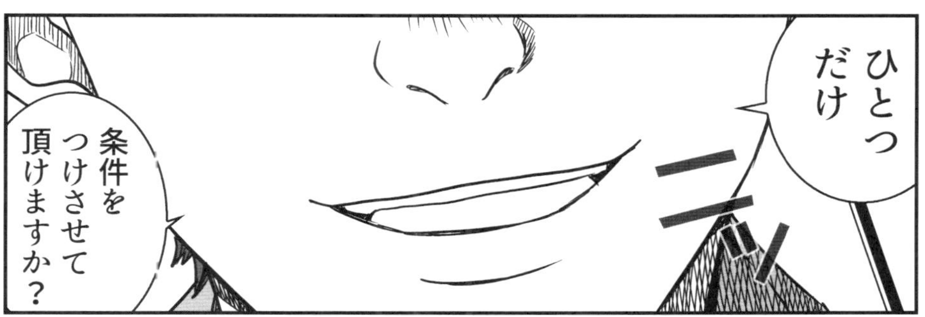
ひとつだけ
条件をつけさせて頂けますか？

一人
統計学に精通した外部の専門家をチームに入れたいんです
ええ 最適な人物がいます
統計学マジ最強じゃないですか？
私たちが組めば
必ずご期待に添えると思います

おわりに――アクションのための統計学の時代

今のようなAIのブームがくる前に書かれた初代『統計学が最強の学問である』の中でも現在AIなどに使われる機械学習技術と統計解析の違いについて言及しましたが、AIと統計学は同じようなバックグラウンドから生まれている一方で、その使い方には大きな違いがあります。

「同じようなバックグラウンド」という部分について補足しておきましょう。現代のAI研究にブレイクスルーを起こしたのは**統計的機械学習**といわれるアプローチです。つまり、データを集めて、**予測値と実際の値の間のズレを最小化するような計算式をうまく作るためにはどうしたらよいかという統計学のアプローチ**を、**「どうすれば人間の知能をコンピュータに再現させられるのか」というコンピュータサイエンス側から生まれた研究領域**に持ち込んだ結果、現代のAIは大きな進歩を遂げました。

またその一方で、統計学も統計学でコンピュータサイエンスの進歩から大きな恩恵を受けています。コンピュータ抜きの統計学は全てのデータを紙とペンの上で処理するようなものでした。「コンピュータ」とはそもそも「計算をする人」という言葉ですが、大昔の統計学の研究室には手計算をする専門の「コンピュータ（計算手と訳されます）」という職業の人が所属していたという話もあります。

「予測値と実際の値の間のズレを最小化するような計算式をうまく作る」という統計学のアイディアも、コンピュータが普及するまでは計算の手間の問題でごく限られたデータを使った単純な問題にしか適用することができませんでした。しかし、コンピュータを使った圧倒的な計算能力により、大量のデータでも、大量の変数があっても、数式的には微分したり積分したりが考えにくい問題でも、「予測値と実際の値の間のズレを最小化するような計算式をうまく作る」ことが可能になりました。

このように**「予測値と実際の値の間のズレを最小化するような計算式をうまく作る」という統計学の理論と、「それをコンピュータの性能で効率的に実現する」というコンピュータサイエンスの手法が、統計学と現代のＡＩの共通したバックグラウンドとして存在しています。**近年データサイエンスに関して「統計的、計算機的、人間的側面の３つが重要」という表現がなされることがありますが、このような統計学の理論と、コンピュータサイエンスの手法を人間のために活かすものがデータサイエンスであるといってもよいかもしれません。

しかし、ＡＩと統計学は、**同じ知恵を主として異なる目的で使う**というところに大きな違いがあります。ＡＩは基本的に自動化のための技術であるといってよいでしょう。たとえば近年ＣｈａｔＧＰＴなどをきっかけに注目を集める大規模言語モデル（ＬＬＭ：Large Language Models）は過去に書かれた大量の文章を学習し、「人間らしい言葉の受け答えをする」という機能で注目を集めましたが、これはロジスティック回帰などとは比べ物にならないほどはるかに複雑な計算式で、次に登場する言葉について「予測値と（人間の文章にある）実際の値の間のズレを最小化」したものです。その結果、翻訳するとか文章を要約するとかいったさまざまな人間の言語的な仕事を自動化することを、かなりの精度で実現できるようになりました。

一方で統計学は、重回帰分析にしてもロジスティック回帰にしてもこれよりもっと単純な計算式（統計モデル）で「予測値と実際の値の間のズレを最小化」することを試みますが、これは最終的に人間が解釈してアクションにつなげるという目的のためです。

第11話の解説では「変える」「狙う」「大丈夫にする」「最適化する」といった分析からのアクションの考え方を紹介しました。ここで計算式が複雑になればなるほど、「何をどう変えていいのか」や「どこの変数に着目してどう狙うのか」「何をどう大丈夫にするのか」がわかりにくくなります。また、予測値に応じてリソースを最適化するにしても、統計モデルが複雑なブラックボックスになってしまえば、「本当にこの予測値で大丈夫なのか」というところで説明責任が生じたときや、大幅に外してしまったときなどに何にどう注意して再発防止を考えたらいいかがわかりません。そこで多少ズレが大きくなったとしても、人間に解釈しやすくアクションにつながりやすい計算式を作るという考え方が統計学の世界では重視されます。

この違いを例を挙げて考えてみましょう。試しにＣｈａｔＧＰＴに「日本の埼玉のスーパーマーケットでビールをたくさん売るためにどのようなことをしたらよいですか？」と質問したらこんな反応が返ってきました。

日本の埼玉のスーパーマーケットでビールをたくさん売るためにどのようなことをしたらよいですか？

埼玉のスーパーマーケットでビールをたくさん売るためには、以下のような戦略が効果的です。地域やターゲット顧客層に合わせてアプローチを変えることで、販売促進に繋げることができます。

1. プロモーションと割引キャンペーン

- **特売日やセール**: ビールの特売日を設けて、価格を下げることで消費者の購入意欲を高めます。例えば、「ビール全品20%オフ」や「2本買うと1本無料」などの割引キャンペーンを行います。
- **複数購入割引**: 例えば、ビールを3本セットで購入するとお得になるキャンペーンを実施し、消費者に一度にたくさん買ってもらうよう促します。

2. 季節やイベントに合わせた販売

- **夏のキャンペーン**: 特に暑い季節に合わせて、ビールの消費が増えるため、「夏のビールフェア」などを開催し、冷蔵庫やアウトドア向けのビールセットを販売することが効果的です。
- **イベント開催時の販促**: 地元のイベント（花火大会や祭りなど）に合わせて、ビールのセット販売や割引を行うと、需要が高まります。また、イベントに合わせた**ビールの試飲販売**も効果的です。

3. ローカルなニーズに応じた品揃え

- **埼玉地域の特色を活かす**: 地元の特産品や人気のあるクラフトビールを取り入れると、地域密着型のアプローチができ、消費者の関心を引きます。また、埼玉で人気のあるビールや、地域の小規模醸造所のビールを取り扱うことも有効です。

確かに「人間の文章とのズレの小さい単語を正確に予測する」という仕組みで作られているだけあって、企画会議中に人がいいそうなことを正確にアウトプットしてくれています。しかし、これらのアイディアのどれが最も効果が見込めそうかということを教えてくれるわけではありませんし、「顧客層に合わせてアプローチを変える」とはいうものの、実際に今の埼玉県内の顧客のニーズがどういったものか、ということを正確に答えてくれるわけではありません。そうした情報はＣｈａｔＧＰＴが学習した過去の文章の中にあるわけではなく、結局のところこのマンガで勇司と貴子がやったように、実際のデータを集めて分析してその中から「大事なポイントは何なのか」を見出さなければいけないわけです。

ちなみに、ＡＩが発達すると統計学やデータ分析の仕事はなくなると考える人もいるようですが、個人的には「むしろホワイトカラーの仕事として相対的に重要性が増すのではないか」と思っています。なぜなら、これまでホワイトカラーの仕事の多くは、いわば「いろいろな文章を読み、いろいろな人の話を聞き、それらをまとめて文章や口頭でアウトプットする」というものでしたが、この仕事はすごい勢いでＣｈａｔＧＰＴを始めとした大規模言語モデルにより代替されるようになっています。何せすでに２０２３年3月に発表されたＯｐｅｎＡＩのＧＰＴ－４の時点でアメリカの司法試験に合格しているくらいです。

しかしその一方、「まだ文章になっていないような情報を含むデータを集めて分析して、結果を解釈してアクションを起こす」といった、本書で勇司と貴子がおこなったような仕事はまだまだＡＩで十分に代替されているわけではありません。

「はじめに」でも述べたように、ＡＩ全般が苦手な仕事とは、「まだこの世に存在していない情報を調べること」「背景知識を踏まえて責任を取ること」「人の感情や行動を変えること」ではないか、というのが個人的な考え方です。

学習データの中に存在していないものに「予測値と実際の値の間のズレ」を考えることはできませんし、ＡＩに判断の根拠を聞いて答えてもらったとしても、それはあくまで学習データに当てはめた計算式から導き出される「それらしい文章」でしかありません。そもそもＡＩに責任が取れるのかという話もありますが、「ＡＩがそういってたんで」というのではプロが責任を果たすうえではまったく不十分な姿勢といえるでしょう。また同じ言葉であったとしても「信頼関係のある人から確信に満ちた表情で明確な根拠とともに強くお願いされた場合」と「ＡＩがそういってるから」というのではまったく意味が変わってきます。これが感情や行動を動かすという人間の価値で、そこまで至らなければいくらすばらしいデータや分析結果があっても何の価値も持たないかもしれません。

そんなわけで「人の文章や言葉をまとめてアウトプットする仕事」しかできない社会人は不遇になり、代わりに**「データからまだこの世に存在していない情報を引き出し、その意味を正しく理解したうえで世の中のアクションにつなげる」**という社会人の価値が相対的に上がるのではないかというのが現時点での私の見解です。

もちろんＡＩはすでにプログラミングの仕事もどんどん上手になってきているので、データベース操作のためのＳＱＬであるとか、統計解析のためのＲやＰｙｔｈｏｎ、ＳＡＳといったプログラミング言語を書くスキル自体は遠からずＡＩに代替されるかもしれません。どのような分析手法を適用したらいいかとか、その手法はどういうものだとかという知識についてもわかりやすく説明してくれるでしょう。

そういった観点で「人のいう通りにデータ分析だけをする」というデータサイエンティストの仕事は、かつて手計算だけをしていた職業と同様にそう遠からずなくなるという可能性は十分にあります。

しかしこれは逆にいえば、私たちのほぼ全員がいつでもデータサイエンティストに仕事をお願いできる状態が訪れる、という大きなチャンスであると表現することもできます。本書の中では、自分自身ではほとんどデータ分析のできない勇司が、分析すべき課題を整理し、分析結果を読み取り、背景知識と照らし合わせてアクションを考え実行する、というスキルで自社に大きな価値を生みました。

ぜひ皆さんも、必要に応じて分析プロセスはＡＩの力を借りながらでもよいので、統計学のリテラシーを身につけて、ビジネスや社会に大きなインパクトを生み出していただければ幸いです。

12年前、初代『統計学が最強の学問である』の冒頭で、私はハーバード大学で使われている統計学の教科書の冒頭の「統計学的思考が読み書きと同じようによき社会人として必須の能力になる日が来る」という一文を紹介しました。実はその日は、もうすぐそこまで迫ってきているのかもしれません。

【付録】もっと統計学を勉強したくなった人のためのシリーズ読書ガイド

本書は『統計学が最強の学問である』シリーズの入門編という側面を持っています。大人も子どもも、これまでまったく統計学のことを知らなかった人も、勇司と貴子の物語を通じて少しでも統計学に興味を持っていただければ幸いです。ただ、もし「もっと統計学を勉強したいんですけど何を読めばよいですか？」と思われた方がいたらちゃんと答えられるよう、最後に『統計学が最強の学問である』シリーズの読書ガイドを提供したいと思います。

世の中にはすばらしい統計学の本は数多く存在していますが、本当にまったく統計学のことを知らない初学者向けに気軽におすすめできるものはそれほど多くありません。本シリーズは全てそうした私の初学者時代のフラストレーションを解決するためにさまざまな工夫をこらして書いたものです。それがシリーズ累計で55万部のヒットになったのですから、私の試みはかなり成功したのではないかと考えています。

本書のマンガと解説を読んだ方に「統計学面白そうなんだけど次何読んだらいいですか？」と聞かれたら、間違いなく、個人的な損得は抜きにして、目的に応じてシリーズの各作品のいずれかをおすすめするでしょう。

たとえば「数学とか実用的なことはいいから統計学の面白いエピソードをもっといっぱい知りたい」という方であれば、**初代『統計学が最強の学問である』**を読んでみていただければ幸いです。この本は多くの統計学の入門書とは異なり、ただひたすらに統計学がどうすごいか、どう面白いかということを伝えることだけに特化して書かれています。現代においては、医療も政策もさまざまな分野の重要な意思決定が「エビデンスベースド」に決められていますが、その背景にある、サンプリング、誤差、統計的因果推論やランダム化比較実験といった統計学特有の考え方をマンガ版より丁寧に紹介しています。

そのほか、初学者向けの教科書に出てくるさまざまな統計手法が一般化線形モデルという枠組みで考えれば1枚の表でまとめられるとか、社会科学、医学／公衆衛生学、心理学、計量経済学、自然言語処理など分野によって統計学に対する視点や使い方がどのように異なるかなどの話は、統計学の入門書で触れられることはあまりないように思いますが、確実に「統計学の面白いところ」だと思って書きました。

また余談ですが、ディープラーニングブーム前夜の「AI冬の時代」に書かれた本書で、統計学でよく使われるロジスティック回帰とAI研究でよく使われるニューラルネットワークの違いにわざわざ紙面を割いたことは我ながら地味に慧眼だったと思います。

一方、「面白さはもうわかったから、今すぐにでもどう仕事の中で使えばいいかを知りたい」「勇司と貴子がやっていたようなことの詳細とそれ以外に使えそうな事例を知りたい」という方には『**ビジネス編**』をおすすめします。企業のデータ活用の分野はとにかくNDAを締結して仕事をするうえ、本当に価値を生んだ分析事例ほどリアルタイムで競争力の源泉となっているため、表立っていいにくいという構造になっています。そういった状況の中、個人的な経験をもとに、本に書けるギリギリを攻めたのがこの『ビジネス編』だといってよいでしょう。

経営戦略、人事、マーケティング、オペレーション改善という4領域のそれぞれで「意外とこのあたりを参考に調査設計したり分析したらすごい役立つのに……」という先行研究を紹介したうえで、そういう分析を実際に社内でおこなうとしたら具体的にどのような準備が必要かを説明しました。

また、データサイエンスにおいては「統計的、計算機的、人間的側面の3つが重要」とよくいわれますが、意外とこの「人間的」の部分をどう学べばよいかは統計学や機械学習の教科書には載っていません。しかし、この『ビジネス編』では経営戦略、人事、マーケティング、オペレーション改善といったデータを活用しやすいビジネス領域について、確実に知っておくべき基礎理論のような視点を一通り提供しています。

さらに、「統計学が面白そうだから本気で勉強したい」「数学的なこともけっこう好きだからちゃんと知りたい」という方には**『実践編』**と**『数学編』**のいずれか好きなほうをおすすめしたいと思います。より詳しくいうと、『実践編』は「高校数学ぐらいまではすでにわかっているのでその状態から統計学を勉強したい」という方向けに、『数学編』は「最終的には大学レベルの統計学やＡＩの勉強に必要な数学自体を勉強したい」という方向けに書きました。

初代『統計学が最強の学問である』が、大学1年生のときに初めて統計学を勉強した際の

「これって何の役に立つもんやねん……」というフラストレーションに対する、統計学を学んだ後の自分なりの答えだとすれば、『実践編』は大学4年間統計学を勉強している間に生じ続けた「なんでこうなるねん……」というフラストレーションに対する答えだといってもよいでしょう。

高校までの数学は比較的得意なほうでしたが、大学生の当時は線形代数や偏微分といった大学以降の数学的表記法にもあまり慣れておらず、「自分がノンストレスにわかる高校時代までの書き方で誰かこの話説明して！」と思っていました。一方で初学者向けの統計学の教科書については「なんで突然正規分布とか出てくるの……なんの証明もなしに出てくる中心極限定理ってなんだよ……？」「なんの説明もなしに突然出てくるt分布とか自由度とか何……？」という部分もひどいフラストレーションでした。このあたりに対する自分なりの最大限わかりやすい説明が『実践編』です。「初学者向けの教科書に出てくるさまざまな統計手法が、一般化線形モデルという枠組みで考えれば1枚の表でまとめられる」という初代からの考え方を継承しつつ、本文は可能な限り言葉と図解だけで統計手法を説明しながら、高校生でも理解できる範囲での数学的補足を巻末につけるという少し変わったアプローチをとりました。

今でもしばしば、技術的な仕事をされている方から拙著にサインを求められるのは初代ではなく『実践編』であり、その多くは書き込みだらけでめちゃくちゃ読み込んでいただいたものである、というのは個人的に誇りに思うところです。

『数学編』については、統計学やＡＩ研究の論文の数式をそれほど苦も無く追いかけられるようになった今、中学生から大学生に至るまでの自分が「もっとこういう教材があればすんなりここまで来れただろうに」というフラストレーションを解決するために書かれたものです。こちらでは、中学1年生から大学生レベルまでの数学的知識を、統計学やＡＩ研究の論文の数式を読み解くために必要なところだけに本気で絞って、可能な限りわかりやすく解説しました。

裏テーマとしては「ディープラーニングによるＡＩは脳の神経を模した仕組みだからすごい」といったＡＩ研究に関わる俗説を批判的に吟味できる仲間を増やしたいというところもあり、最終的にはニューラルネットワークという現代のＡＩ研究のベースにある統計的機械学習手法について理解できるように書かれています。

以上が『統計学が最強の学問である』シリーズの内容と、それを私が書いたモチベーションですので、これらの本が少しでも皆さんの関心に響けば幸いです！

Achiam J, et al. GPT-4 technical report. arXiv preprint arXiv:2303.08774. 2023.

Varian H. Hal Varian on how the Web challenges managers. McKinsey Quarterly. 2009;1（2.2）.

Fisher RA. Statistical methods for research workers. 14th ed. Springer New York;1970.
（日本語訳は遠藤健児（訳）, 鍋谷清治（訳）. 研究者のための統計的方法. 森北出版;1970.）

Tukey JW. Exploratory data analysis. 2nd ed. Addison-wesley;1977.

Spearman C. General intelligence, objectively determined and measured. The American Journal of Psychology. 1904;15:201-292.

McCrae RR, Costa PT. Validation of the five-factor model of personality across instruments and observers. Journal of personality and social psychology 1987;52（1）:81-90.

Mayer JD, Salovey P, Caruso DR. Emotional intelligence: theory, findings, and implications. Psychological inquiry. 2004;15（3）:197-215.

Ritchie S. Science fictions: How fraud, bias, negligence, and hype undermine the search for truth. Metropolitan Books;2020.
（日本語訳は矢羽野 薫（訳）. Science Fictions あなたが知らない科学の真実. ダイヤモンド社;2024.）

Dobson AJ, Barnett AG. An introduction to generalized linear models. 4th ed. Chapman and Hall/CRC;2018.
（原著第二版の日本語訳は田中豊ら（訳）. 一般化線形モデル入門. 共立出版;2008.）

多尾清子. 統計学者としてのナイチンゲール. 医学書院;1991.

Blei DM, Smyth P. Science and data science. Proceedings of the National Academy of Sciences. 2017;114（33）:8689-8692.

Pagano, Marcello, Kimberlee Gauvreau, and Heather Mattie. Principles of biostatistics. 3rd ed. Chapman and Hall/CRC, 2022.
（原著第二版の日本語訳は竹内正弘（訳）. ハーバード大学講義テキスト 生物統計学入門. 丸善出版;2003.）

な

は

ま

や

ら

わ

英数字

さ

た

索　引

この索引では用語について、本書で登場したページに加えて、シリーズの他４冊で解説されているページを下記の表記で紹介しています。同じ用語でも異なる方法で説明しているものもあるので、ぜひ参照して学習の参考にしてください。

『統計学が最強の学問である』＝「初○」
『実践編』＝「実○」
『ビジネス編』＝「ビ○」
『数学編』＝「数○」

あ

か

［原作・解説］

西内啓（にしうち・ひろむ）

1981年生まれ。東京大学医学部卒（生物統計学専攻）。
東京大学大学院医学系研究科医療コミュニケーション学分野助教、大学病院医療情報ネットワーク研究センター副センター長、ダナファーバー/ハーバードがん研究センター客員研究員を経て、現在は株式会社ソウジョウデータ代表取締役として企業のAI導入やAI製品の開発を支援する。また2020年より内閣府EBPMアドバイザリーボードメンバーも務める。
累計55万部を突破した『統計学が最強の学問である』シリーズほか、著書多数。

［マンガ］

うめ

シナリオ担当の小沢高広、作画担当の妹尾朝子からなる2人組漫画家。代表作は、ゲーム業界を描いた『東京トイボックス』シリーズ、1970年代のシリコンバレーを舞台にした『スティーブズ』、フリーランスによる育児ハックマンガ『ニブンノイクジ』など。
また小沢は『劇場版マジンガーZ / INFINITY』『LAZARUS ラザロ』の脚本を担当。妹尾は「団地団」のメンバーとして多くのトークイベントに出演するなど、個人での活動も多い。
現在は、第一次南極観測隊をモデルにしたヒストリカルSF『南緯六〇度線の約束』を小学館ビッコミにて連載中。

マンガ　統計学が最強の学問である

2025年4月22日　第1刷発行
2025年6月11日　第2刷発行

原作・解説――――西内啓
マンガ――――――うめ（小沢高広・妹尾朝子）
発行所――――――ダイヤモンド社
〒150-8409　東京都渋谷区神宮前6-12-17
https://www.diamond.co.jp/
電話／03･5778･7233（編集）　03･5778･7240（販売）

オリジナル版カバーデザイン―文平銀座
校正――――――加藤義廣（小柳商店）、鷗来堂
製作進行――――ダイヤモンド・グラフィック社
印刷・製本―――勇進印刷
編集担当――――横田大樹

ISBN 978-4-478-10771-3